Axure RP8

产品原型设计快速上手指南

何广明 / 著

人民邮电出版社

北 京

图书在版编目（CIP）数据

Axure RP8产品原型设计快速上手指南 / 何广明著
. -- 北京：人民邮电出版社，2017.1
ISBN 978-7-115-41996-5

Ⅰ．①A… Ⅱ．①何… Ⅲ．①网页制作工具－指南
Ⅳ．①TP393.092.2-62

中国版本图书馆CIP数据核字(2016)第270891号

内 容 提 要

目前交互设计在国内发展得如火如荼，大部分产品设计者都在用 Axure 制作产品原型，表达自己的想法。Axure RP 是在交互设计中广泛使用的一个专业的快速原型设计工具。

为了提高原型制作的效率，本书将实际的产品原型制作经验和 Axure 结合起来，将交互设计模式和 Axure 结合起来，采用全图形化方式讲解 Axure 的每一个功能应用。为了达到更好的学习效果，本书深入解析每一个部件的应用场景和注意事项，抓住原型排版的关键技巧，让读者能够掌握各种动态应用效果的制作、模拟最真实的效果，真实感受到 Axure 的实用性。

本书是一本快速学习 Axure 的操作指南，并且基于新发布的 Axure RP 8.0，适合想通过 Axure RP 表达自己设计思想的所有人阅读，包括产品经理、可用性专家、用户体验设计师、交互设计师、界面设计师等。

◆ 著　　　何广明
　　责任编辑　杨海玲
　　责任印制　焦志炜
◆ 人民邮电出版社出版发行　北京市丰台区成寿寺路 11 号
　　邮编　100164　电子邮件　315@ptpress.com.cn
　　网址　http://www.ptpress.com.cn
　　北京天宇星印刷厂印刷
◆ 开本：800×1000　1/16
　　印张：16.75
　　字数：434 千字　　　　　　　2017 年 1 月第 1 版
　　印数：1 – 3 500 册　　　　　　2017 年 1 月北京第 1 次印刷

定价：69.00 元

读者服务热线：(010)81055410　印装质量热线：(010)81055316
反盗版热线：(010)81055315

前言

会 Axure 的不一定是产品经理，产品经理一定要会 Axure。

当然这只是一句玩笑话，不会 Axure 的照样也可以做出、做好产品。Axure 对于一个做产品的人究竟意味着什么，可能不同的人有不同的感受。这里说说我的 Axure 经历。

2011 年在我还不知道什么是产品的时候，我对接一个网站改版的项目。刚开始我在和技术团队沟通时特别困难，我知道我要做成什么样子，但是无法描述出来，对接过程一度出现僵局。这个时候第一次在 WebPPD 论坛上接触到了 Axure，说到这里要感谢 WebPPD 社区对 Axure 在国内的普及发挥了巨大的作用。

在这个社区中，我看到了很多人在分享应用 Axure 的经验，虽然那时候的 Axure 才是 5.6 版本，界面还没有那么美观，对它的高级交互我还不知道如何应用，但最简单的线框图加上一些链接的交互已经满足了我的整个项目的需求。从此我爱上了 Axure。

在完成了整个项目之后，我开始不满足于最简单的线框图的制作，期望能够和很多高手一样制作各种趋于真实的交互效果。我开始对 Axure 发起了疯狂的学习，疯狂地研究各种特效，疯狂地拆解网络流程的各种原型文件，力求 100% 实现各种真实的动态效果。记得有一次，为了实现幻灯片移入暂停播放、移出继续播放的效果，我拆解了一个网友的原型，整整研究了一个星期。我相信有这种经历的朋友一定很多。也许还有很多人正处于这样一个阶段。

在产品设计的道路上走了 3 年多，看到很多新人把 Axure 当做了产品经理的全部，苦苦地钻研Axure 各种高级动态效果，研究各种变量。每每看到这里我就问自己，究竟怎样才是真正合理地使用Axure。

看到网络上越来越多分享的课程都是针对 Axure 各种特效制作的，我萌生了一个想法，能不能写一本教程，不针对复杂的应用，只讲解最基础的 Axure 技能、技巧、应用，让更多的人有平等的权利学习和应用 Axure。2012 年，我开始撰写 Axure 的系列教程《Axure 从入门到精通》，耗费了 2 个月的时间，写了 44 篇图文结合的教程，也就是本书的前身。之前这些文章都放在个人的博客中，收到大量的阅读和留言反馈（但由于备案原因，目前暂时无法打开）。后来我又将这个课程发布到"网易云课堂"，截止到 2016 年 1 月已有 9437 人参加了学习，期间有大量朋友向我咨询 Axure 的使用技巧。

一晃时间过去了 3 年多，今天的 Axure 已经升级到 8.0 版了。作为一个设计产品的工具，Axure本身就是一个好产品，经过不断地升级，越来越易于使用。而之前的那套网络课程也不再适应这个时代的变化了。

目前网络上 Axure 教程依旧非常零散，多数教程还在钻研软件的高级应用，缺乏实战性。我期望有一本书能够将实际的产品原型制作经验和 Axure 结合起来，提高原型制作效率，更好地表达自己的想法，于是这本书诞生了。

也许和其他人不一样，虽然我写了这本 Axure 的书，不过我更期望大家将 Axure 看淡。正如张小龙说的："好的产品，用完即走！"我期望这本书也是这样的好产品，让我们留下更多的时间去学习什么是产品和交互。

致谢

感谢 WebPPD 社区创始人尹广磊对我一路上学习 Axure 的帮助和支持，让我对 Axure 了解得更深入。

感谢陈婷婷、余红艳等好友，感谢她们在百忙之中抽空帮忙审校书稿。

感谢为本书撰写书评的朋友，感谢他们在百忙之中抽空阅读书稿，撰写书评并提供宝贵意见。

最后，要感谢我的家人，感谢我的爱人让我把 2015 年和 2016 年的大部分时间都献给了这本书，没有她的理解与支持，就没有这本书。

尽管我们对书稿进行了多次修改，仍然不可避免地会有疏漏和不足，敬请广大读者批评指正，我会在适当的时间进行修订，以满足更多读者的需要。

目录

基础界面

1.1 默认界面

在经历一个个漫长的 beta 版本之后，我们终于迎来了 Axure RP8 版本的正式发布，其 LOGO 从以极具扁平化的蓝色为主色调进化以紫色为主色调。Axure 的每一次版本发布都是整个产品界瞩目的事件，从 RP7 版本刚发布我们就在畅想 RP8 版本的发布会有哪些变化。

从本次发布的版本来看，Axure RP8 在整体 UI 方面更加扁平化，更加突出一些核心功能和灰度原型的精髓，添加和改善了一些功能。从本节开始我们会一点点介绍全新的 Axure RP8，并阐述这一版本的新变化是如何改进产品原型设计，提高设计效率的。

Windows和Mac界面区别弱化

Windows 版本   Mac 版本

在经历了最后一次大的版本更新之后，Axure RP8 相对于之前的 beta 版本在 UI 上进行了很大的更新，其 Windows 版本和 Mac 版本界面区别弱化，统一了顶部工具栏，不过，它依旧保持简单、直观的 UI 界面。

页面布局调整为3栏

　　Axure RP8 将原来放置在软件底部的页面交互区域移动并合并到右侧部件属性区域，加大了整个软件的页面编辑区域的面积。整个软件布局变成了最经典的左中右三栏布局。

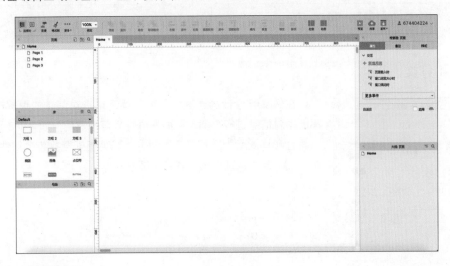

新的检查器面板

　　RP8 将部件交互动作和备注面板、部件属性和样式面板、页面属性面板合并为检查器（Inspector）。选择某个部件时，属性面板就是该部件的属性；点击页面空白处时，属性面板就会变成页面属性。

新的图标和按钮样式

RP8 正式版对文件、剪贴板、撤销、剪裁、裁切以及连接点等操作项的图标进行了重新设计。图标按照属性进行了归类，同时将不常用的一些快捷操作隐藏到"更多"里面。我个人觉得扁平化和灰度处理过后的图标没有 RP7 版本的图标辨识度高。

重组和分类

在做交互设计的过程中，为了保证用户对信息的理解，我们会不断地对信息进行分类，将同一属性的信息放到一起。RP8 正式版中对属性和样式面板进行了重组和分类，更便于查找各类部件的属性，减少上下翻页以及选项卡切换等频繁操作。

▎工作环境介绍

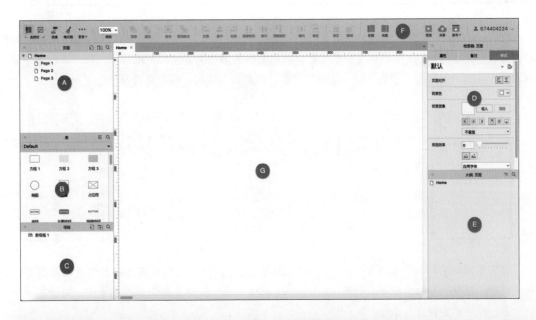

字母	对应区域	描述
A	页面面板	呈树状结构,可以添加、删除页面,也可以对设计中的页面重命名
B	部件面板	自带部件库,包括矩形部件、图片部件、动态面板部件等。使用方式是直接拖动部件到页面编辑区域
C	母版面板	在多个页面中可以共用/复用,也方便同步修改
D	检查器面板	1. 设置整个页面加载时的交互,如页面载入时、页面滚动时 2. 调整部件视觉属性及给部件添加交互的地方,可以进行部件的注释、部件的交互、部件的属性编辑
E	大纲面板	管理页面编辑区域内全部被使用部件,可直观浏览所有被使用的部件
F	工具栏	新建、保存、预览、发布等核心功能和操作,包括对页面进行编辑的一些快捷操作,主要有字体设置、大小设置、部件尺寸和Axure本身自带的一些快捷操作等
G	页面编辑区域	俗称画布,部件进行线框图编辑和交互的具体实施的区域

1.2 页面面板

由 Axure RP7 中的站点地图发展到 Axure RP8 中的页面面板，更加表明该区域的主要作用：对页面的管理。页面是 Axure 中最高层级的元素，页面面板主要用来创建和管理页面，整个页面区域呈树状结构，可以添加页面、删除页面、重命名页面、调整页面层级、调整页面顺序。

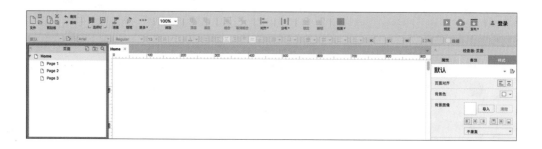

页面面板中有两种页面类型——线框图页面和流程图页面，其中使用最多的是线框图页面。新建文件时，默认会自动生成 4 个页面（1 个 Home 页面、3 个 Page 页面）的页面地图，可以在这个基础上进行产品原型设计。

构建页面地图

选择一个熟悉的产品，尝试在 Axure 中建立一个页面地图。这里我们梳理了微信的产品架构，然后在页面面板中建立了这样的信息架构。

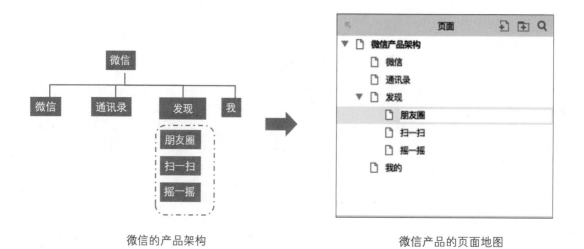

微信的产品架构　　　　　　　　　　　　　　微信产品的页面地图

▌ 主要操作

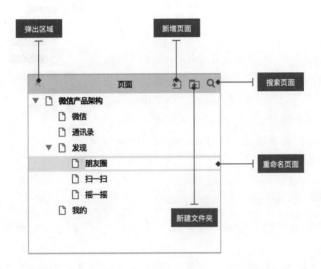

主要变化

- Axure RP8 中对页面面板的操作进行了简化，去除了原来面板中的关闭和帮助按钮。
- 去除了删除图标，可以单击右键选择更多操作或直接按 delete 键进行删除。
- 去除了升序 / 降序图标，通过直接拖动页面即可调整页面之间的顺序。
- 去除了升级 / 降级图标，通过直接拖动页面即可调整页面直接的层级。
- 将弹出操作移动到左侧，点击之后整个会脱离原来的位置，再次点击会返回原来的位置，面板与面板之间无法调整放置的顺序，如将部件面板置于页面面板之上。
- 去除了页面数量统计，笔者感觉是目前最不方便的一点，无法看到页面的数量并根据页面数量评估大致的开发量。

更多操作

对页面的更多操作，可以选中某个页面，单击鼠标右键查看操作菜单，获取更多操作。

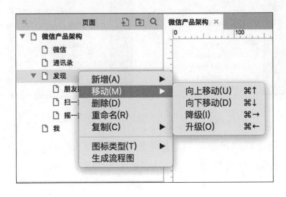

▎文件夹的应用

　　熟悉 Windows 系统的用户，对文件夹功能一定不陌生。在 Axure RP8 版本中继续保留了文件夹功能，可以将页面放置到文件夹下进行管理。

　　文件夹最主要的作用就是在页面数量较多的情况下，可以分多个维度对页面进行管理，如前台系统、用户中心、管理后台。甚至一些暂时无用的页面也可以统一新建一个文件夹进行管理。越是大型的系统在进行产品设计时越需要建立合理的文件夹分类来管理页面。

▎快速重命名页面

　　Axure 的新建页面的名称默认为 New Page 1，为了更好地对应产品架构和方便查找，需要对新建页面进行重命名。

　　页面命名规则建议和产品整体架构名称保持一致。例如，在产品架构图中称为"我的订单"，那么在页面中建议也命名为"我的订单"，保持页面地图和产品架构的一致性。

一个真实产品页面地图案例（图片来源网络）

　　无论是设计 Web 产品还是移动产品，页面地图都直接反应了产品的整体架构，便于后期对原型进行维护和其他人对原型的理解。如果想建立一个清晰的页面地图，建议先学习一点儿信息架构的知识。

1.3 部件面板

部件面板也叫组件面板、部件库，英文为 widget，还有人称之为控件面板。部件面板是 Axure 中最核心的组成部分。

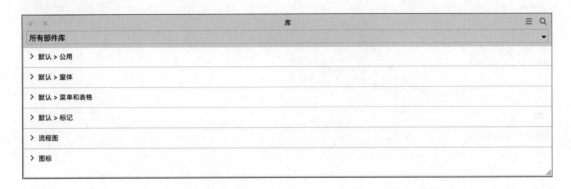

Axure 自带线框图部件（默认显示）和流程图部件、图标部件，其中的图标部件是 Axure RP8 中新增的。此外，还可以下载并导入第三方部件。

▌切换部件库

在绘制原型的过程中需要在线框图部件、流程图部件中切换部件库，后面还会添加许多第三方部件库，这就需要在不同部件库之间进行切换。下面我们具体看一下如何切换部件库。

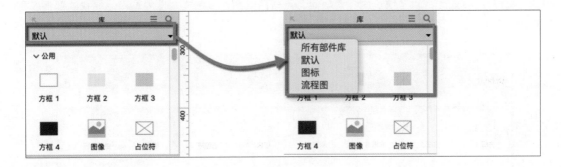

▌拖动：部件的使用方式

拖动也许是最简单的交互行为之一，只需要拖拖拽拽就可以快速制作一个原型。Axure 的易于使用就体现在这方面，哪怕是从来没有学过 Axure 的人，只要演示一遍也能够快速制作出一个还不错的线框图原型。

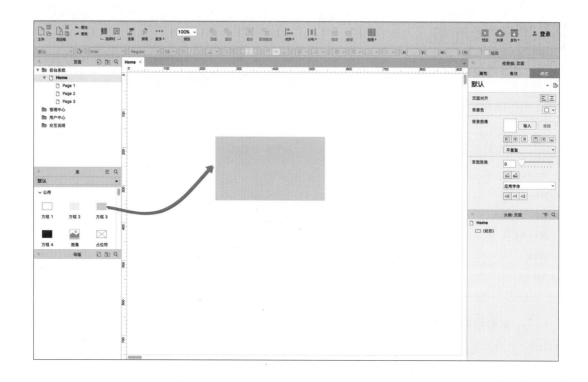

搜索：快速找到部件

初次接触 Axure 的新人很喜欢下载大量的部件库，但是这么多部件库会带来一个问题，就是如何快速找到部件。Axure 提供了快速的搜索功能。点击搜索图标，在文本框内输入想要找的部件名称即可。

4 种类别、16 种类型、40 个部件

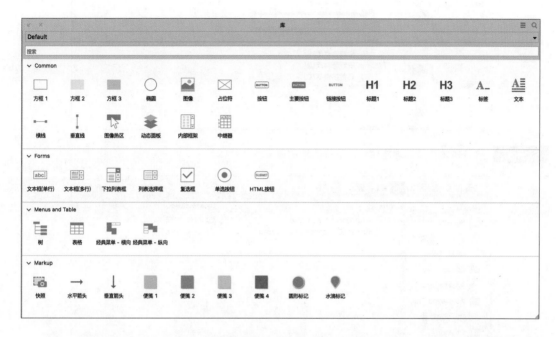

　　如果你熟悉网页设计，可以看出构成整个网站的基本元素都在这里了，通过这些小部件的组合，可以得到各种组件，如文本部件和输入部件组合，可以得到一个密码输入组件。当然上述全部部件既可以组合使用，也可以单独使用，具体要依据实际情况和你对交互设计模式的理解而定。

　　根据制作原型的经验，笔者将全部部件分成 4 种类别、16 种类型、40 个部件。值得强调的是，RP8 中增加了一个圆形部件。

　　不同的部件具备不同的属性，我们将会在第 2 章针对每一个部件进行详细讲解。

载入部件库

　　Axure 自带了线框图部件、流程图和图标部件，这三类部件对日常的原型制作来说还不够，特别是针对目前移动互联网的产品设计，我们还会加载一些第三方制作的部件库，如 IOS 8 部件库、Android 部件库等，具体步骤如下。

STEP 01　点击"选项图标"按钮，选择"下载部件库"。

STEP 02 打开本地资源管理器窗口，选择合适的第三方部件库。

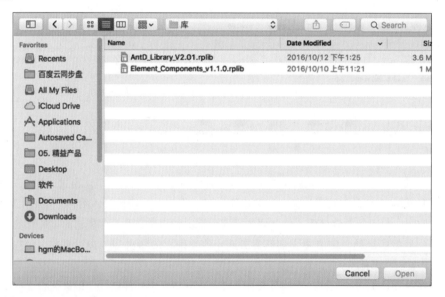

STEP 03 完成载入，应用新的部件库。

1.4 母版面板

在 Axure 中，如果同一个功能模块在超过 100 个页面中应用，那么一旦发生更改，我想有些读者一定会问为什么不早一点知道这个世界上还有母版这么一回事。

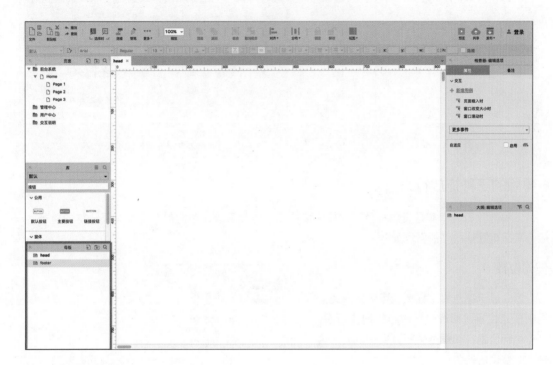

母版的主要特点

- ❑ 复用，一个母版可以同时添加到多个页面。
- ❑ 只需在母版中修改一次，就可以实现所有页面被调用的母版同步更新，可以大大加快原型的制作速度。
- ❑ 减小 Axure 文件的大小，复用不重复计算文件大小。特别是，针对一些图片素材也会制作成模板，一是会大幅度减小文件的大小，二是运行速度也会有大的提升。
- ❑ 同一个解决方案在整个项目中多次进行复用，可以保持原型设计的一致性。

创建母版的两种方法

- ❑ 方法 1：直接在母版区域点击"新建母版"按钮。
- ❑ 方法 2：在页面编辑区域，选中控件，单击鼠标右键，选择"转换为母版"。

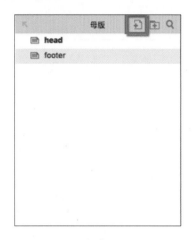

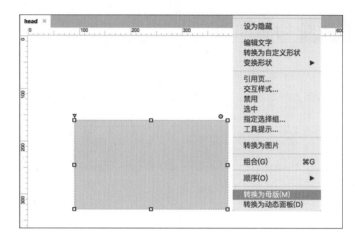

方法1   方法2

母版的三种拖放行为

三种拖放行为其实是母版在页面编辑区域的三种行为表现。不同的行为具有不一样的特征，一般都是采用默认的"任何位置"。

任何位置

默认显示颜色为淡红色，可以拖入线框图中任意位置，修改母版时也会同步更新，只有坐标位置在线框图中不会发生改变。这是最常使用的行为。

锁定母版位置

在页面编辑区域中会继承在母版中的坐标位置，不可以被修改。早期版本中该类型叫作"作为背景"。

从母版中脱离

从母版中拖入线框图区域后，和母版之间的关系就解除了。这有点儿类似于部件库中的自定义部件。

母版使用报告

早期版本中，如果要在母版面板中删除一个母版，必须保证这个母版没有被任何页面使用，也就意味着这个母版必须在所有页面中被删除了，才能在母版面板中进行删除。但是，一般一个项目页面最低也在 20 多个，此时，这个母版被哪些页面使用，查找起来非常麻烦。现在只需要查看母版的使用报告，就可以轻松地知道母版被哪些页面使用，然后根据需要进行删除。

STEP 01 单击选中母版，单击鼠标右键，选择"使用报告"。

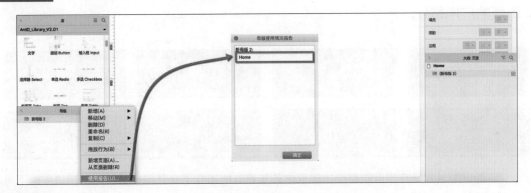

STEP 02 双击被使用的页面名称，进入被使用页面，然后删除要删除的母版。

将母版应用到页面

在母版面板中创建好母版之后，有两种方法将其应用到页面中。

- □ 方法一：单击选中母版，然后按住鼠标左键，拖动到页面编辑区域。
- □ 方法二：单击选中母版，然后单击右键，在弹出菜单中选择新增页面。

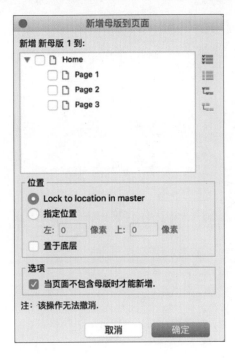

▌常用操作

母版的常用操作与页面面板类似，这里不再重复讲解，可以直接参考页面面板基础操作的介绍。

▌母版的应用情景

这 7 种应用情景是在实际原型设计过程中最常遇到的需要不断复用的情景。依据项目的不同，需要复用的情景还有很多。建议在设计正式原型之前，先规划好整个产品需要被复用的情景，然后将其制作成母版。

1.5 检查器面板：页面

前面说过 RP8 版本将之前版本中的页面属性和样式面板移到了右侧，和部件属性和样式面板进行了合并。当单击页面空白区域的时候，检查器面板就会切换到页面属性和样式面板，就可以对整个页面进行交互和样式的相关设置。

▌页面属性

新版的页面属性包含页面交互和自适应视图的设置。自适应视图将在后面章节中详细介绍。

页面交互

顾名思义，页面交互就是对整个页面进行的交互设置，在页面发生变化时，执行某些交互动作。在 Axure 中页面交互主要有三类事件。

- ❑ 页面载入时：页面加载时触发的交互动作。这是最常用的交互方式之一。
- ❑ 窗口改变大小时：浏览器窗口放大或缩小时触发交互动作。
- ❑ 窗口滚动时：页面发生滚动时触发交互动作。

RP8 中对于页面交互增加了窗口向上滚动时、窗口向下滚动时等更多事件类型。点击交互下方的"更多事件"可查看全部页面事件类型。

▌页面备注

通常，将产品中关于整个页面的需求描述填写在页面和母版的备注面板，方便查看和生成需求文档。

新增页面备注

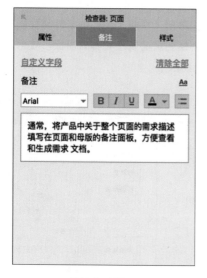

编辑中的效果

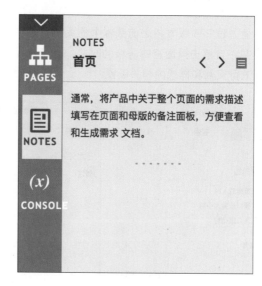

浏览器中的效果

- □ 在编辑框内直接输入备注内容。
- □ 可以对输入的内容修改字体、颜色、字体加粗、添加下划线，但不能修改字体的大小和对齐方式。

新增备注字段

默认页面备注只有一个备注字段，可以点击"自定义字段"创建新的备注字段。

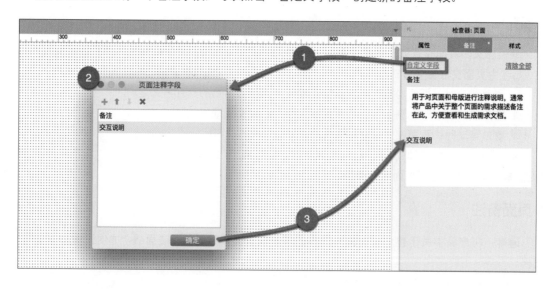

▎页面样式

页面对齐

现在设备的分辨率越来越多，如何保证设计的原型在不同设备的浏览器中查看始终是居中的效果呢？这里我们可以选择设置页面对齐为"居中"。

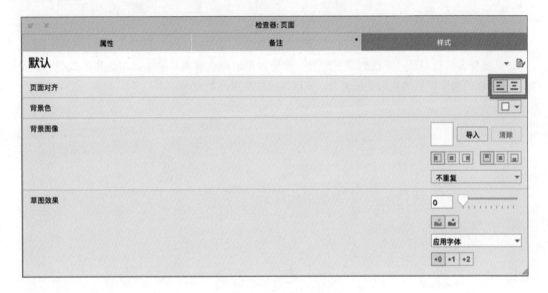

背景色

默认页面的背景色是白色，也可以根据需要将背景色改为其他颜色。

背景图像

页面背景也可以用图片进行填充，直接点击"导入"可以将图片直接导入页面编辑区域，还可以设置图片的对齐和重复方式。

草图效果

在产品早期规划阶段，为了避免过多纠结于设计细节，更关注产品本身，在进行原型设计时，往往会将绘制的原型视觉样式调整为草图样式。

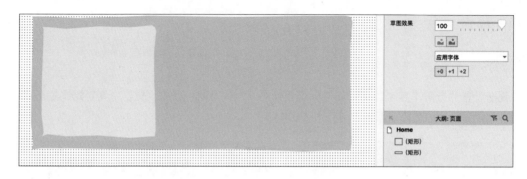

　　在草图程度的值越高，草图效果越明显。草图效果的颜色设置项中，如果选择第二项"灰度图片"，还可以将整个原型的色彩全部去除，变成常说的灰度原型效果。

1.6 检查器面板：部件

检查器面板一分二，分为页面和部件。部件面板是对前面提到的部件进行（属性、备注、样式）设置的地方，是实现交互原型效果最核心的区域。

▌部件属性

如果要查看页面属性与样式，在空白区域单击一下即可。如果要查看一个部件的属性与样式，将其拖动到页面编辑区域，就可以看到该部件的属性、备注、样式设置选项。下图中我们看到是检查器：矩形。

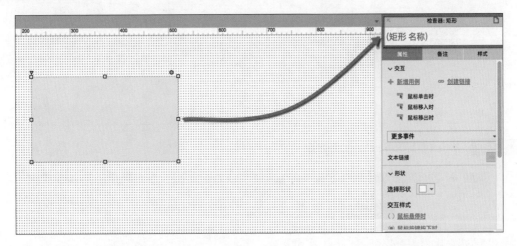

RP7 之后极大地丰富了事件的类型，同时也适当地优化了一些移动端的事件类型和效果。虽然还没有直接表达出手势事件类型，但也算是一种进步。同时不同的部件对应的可以创建的交互事件类型也不相同，拖动一个部件到页面编辑区域，然后点击属性面板，即可查看这个部件拥有的事件类型。

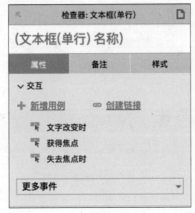
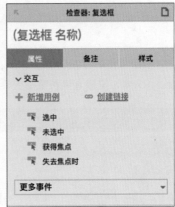

动态面板   文本框   复选框

部件备注

在快速原型阶段，往往没有时间在 Word 中耗时撰写需求文档，更多的时候是在原型中直接进行备注。备注最直接的方式就是将备注加在所属部件上。我们可以根据交互说明需要撰写的维度，添加备注的字段。

STEP 01 拖动一个部件到页面编辑区域，然后单击备注面板。

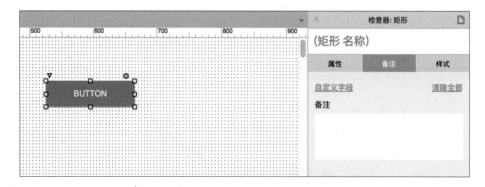

STEP 02 单击"自定义字段"，打开自定义字段对话框。

在新增注释字段功能中，可以指定注释字段的类型（如 Text、选择列表、Number、日期），其中 Text（文本）是最直接和常用的类型。

字段类型	描述
Text（文本）	用于一些文字类型的描述或者默认值说明
选择列表	通过下拉选择给部件添加注释
Number（数字）	注释属性是一个数值（如版本号），此类型不常用
日期	用于描述日期的属性，下拉后是日历部件，方便输入

▎部件样式

部件样式是设置部件的视觉效果的地方。和部件的属性一样，不同的部件拥有的视觉属性也会略有不同。主要有坐标位置和尺寸大小的设置、标题样式、填充颜色、阴影等样式属性，每个属性的具体效果，会在第 2 章中详解，这里先了解一下即可。你可以自己一个个尝试，看看具体的设置效果。

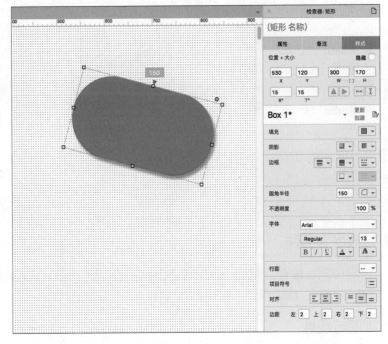

矩形设置样式效果之后

部件样式区域中的很多属性也可以在工具栏进行设置。Axure RP8 中新增了自定义工具栏功能。

1.7 大纲面板

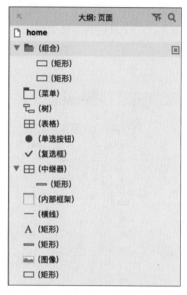

大纲面板在 RP7 中称为部件管理区域，是在早期版本的动态面板管理区域的基础上升级而来的，目前主要是管理当前页面编辑区域所有被使用部件。

RP8 中可以通过小缩略图看到部件具体的类型是矩形、表格还是菜单。

管理组合部件

所有在页面编辑区域被使用的部件都会在大纲面板中显示，最大的变化就是组合的部件会通过一个单独的文件夹进行管理，并且可以对文件夹进行重命名。

视图可视性

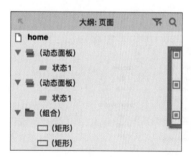

点击组合部件和动态面板后面的蓝色小方框，可以切换组合部件和动态面板在页面中的可视性。当页面中部件过多时，常常会将一些部件从页面中隐藏。在原型设计过程中，被隐藏的部件不会受到任何影响。

筛选部件

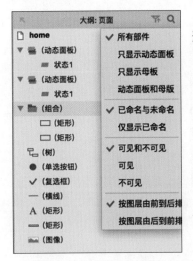

单击筛选图标可以直接筛选需要查看的页面中的部件类型，快速锁定部件。

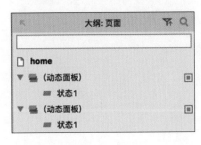

也可以直接点击搜索图标，搜索部件的名称。如果没有对部件进行重命名，部件会直接显示部件的类型名称，如图像。

动态面板层直达

在大纲面板中可以直接看到一个动态面板拥有的状态数量，双击某个状态可以直接打开该状态的主页。

基础部件

2.1 图像部件

图像部件是 Axure 中用来插入图片的工具，通过图像部件可以把 JPG、GIF、PNG 等格式的图片导入 Axure 中。

▎导入图片

STEP 01 拖动图像部件到页面编辑区域，并双击图像部件，打开本地资源管理器。

STEP 02 单击需要导入的图片（JPEG、GIF、PNG、BMP 和 SVG 格式），然后单击"Open"（打开）按钮。

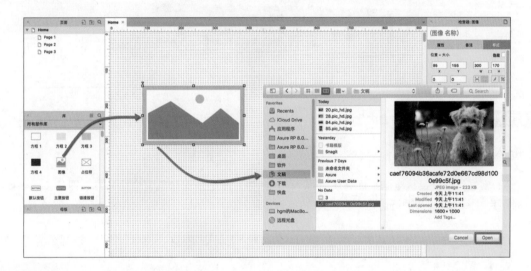

STEP 03 选择是否要优化图像。

如果导入的图像过大，会自动询问是否优化图像。

- ▢ 选择"是"，自动降低图片大小。
- ▢ 选择"否"，不对图片进行任何调整。

▍粘贴图片

STEP 01　按 Ctrl+C，复制电脑本地的图片或网页上的图片。

STEP 02　在页面编辑区域，按 Ctrl+V，或者单击右键，选择"选择性粘贴"→"粘贴为图片"。

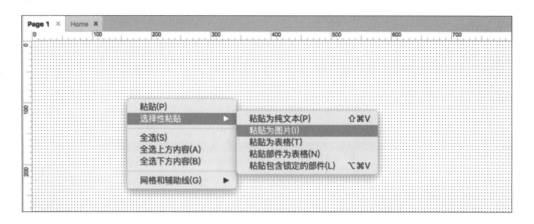

STEP 03　如果图片过大，会优化图片。

▍拖入图片

　　Axure 也可以直接从电脑桌面将图片拖入 Axure 中，其他步骤和前面介绍的导入图片步骤一致，同时图片过大也会提醒进行优化。

▍分割图片

Axure 中能够简单地对图片进行分割，不需要借助 Photoshop 等专业的图片编辑软件。

STEP 01 单击选中图片，单击鼠标右键，选择"分割图片"，或者直接在工具栏中选择分割工具。

STEP 02 移动区域中的横、竖字线，分割图片。

根据需要，可以选择"十"字切割、横向切割或纵向切割。

在图片切割状态下，按下键盘上的 Esc 键或者"取消"按钮，可以退出切割状态。

STEP 03 分割完成后，分离图片查看分割效果。

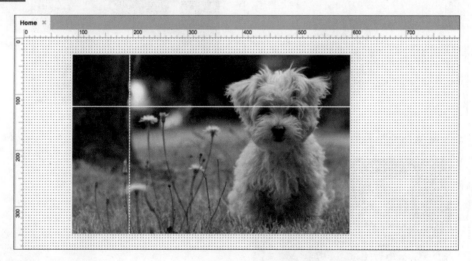

▍裁剪图片

Axure 中能够简单地对图片进行裁剪，不需要借助 Photoshop 等专业的图片编辑软件。

STEP 01 单击选中图片，单击鼠标右键，选择"裁剪图片"，或者直接在工具栏中选择裁剪工具。

调整图中黑色虚线框的小正方型的大小，调整需要裁剪的范围。

STEP 03 选择裁剪类型。

制作圆形头像

在很多时候，我们需要使用一些圆形样式的头像来表达这是一个用户，RP7 版本之前一般都是用

Photoshop 进行处理,然后复制到 Axure 中,RP8 版本直接通过一些简单的设置得到这样的效果。

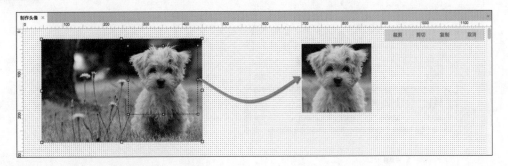

STEP 01 在 Axure 中导入一张合适的图片,裁剪为正方形,如下图所示。

STEP 02 单击选中裁剪后的图片,设置圆角半径为 100。

另外,也可以直接移动图片左上角的黄黄色小三角形,拖动调整圆角半径的大小。

2.2 文本部件

　　文本部件主要用于在页面上显示文字内容，是最常用的部件之一。其实从本质上讲，文本部件也是形状部件，但由于主要用于文字的输入和显示，在此对它单独进行介绍。

文本的类型

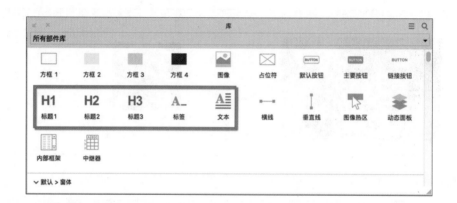

　　Axure 中针对文字的部件主要有三种类型。

　　□ 标签：最常用的文字部件。

　　□ 标题：格式化的标签（标题 1、标题 2、标题 3）。

　　□ 文本：文本标签的另外一种形式，通常可以理解成我们平时所说的段落即可。

在页面中添加文本

　　和其他设计类软件不同的是，Axure 将文本这一工具也设计成了一个部件工具，同时还内置了几种不同的样式，所以要在页面编辑区域使用文字内容，直接拖动一个文本部件到页面编辑区域即可。双击可进入文本的编辑状态，修改为想要的文字内容。另外页面编辑区域也支持文本的直接复制和粘贴，可以将外部文字内容直接粘贴在页面编辑区域。

修改文本的样式属性

　　拖动文本到页面编辑区域后，点击检查器面板中的样式面板，可以对应修改文本的样式属性。

调整文本的坐标位置

　　页面编辑区域是一个以 X 轴和 X 轴构成的平面区域，文本部件被拖动到页面编辑区域就被赋予了一个坐标位置，可以手动修改文本的坐标，也可以直接单击选中文本部件拖动改变其坐标位置。

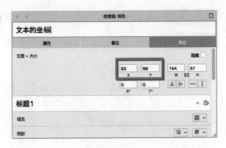

文本的宽度与高度

文本的宽度和高度有自动和固定两种属性，默认为自动，文本部件会根据输入的文本内容的多少自动扩充大小；当手动修改了文本部件的宽度之后文本的属性就变为了固定，这时候无论输入多少内容，文本的宽度和高度都不发生改变。如果文本的宽度和高度过大，还可直接根据文本的宽度和高度自动调整。

调整文本的行间距

对于大段的段落文字，为了使排版更加美观，需要对其行间距进行调整。Axure 中暂时还没有字间距和段间距。

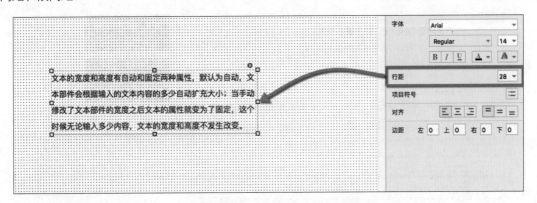

文本的对齐方式

文本的对齐方式有常见的左、中、右对齐，还有上、中、下对齐，默认是左对齐和向上对齐。

制作项目符号列表

Axure 项目符号类型比较单一，只有一种项目符号样式，如果想做出多种样式类型，可以下载一些小图标结合文本部件进行制作。

STEP 01　拖动一个文本部件到页面编辑区域，输入文字并进行适当换行。

STEP 02　点击工具栏上项目符号列表图标或部件样式面板中的"项目符号"设置。

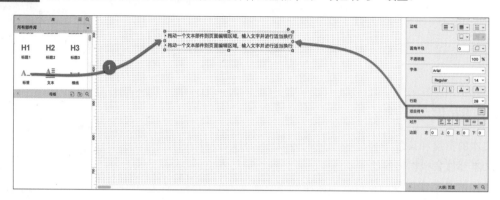

借鉴竞品网站的字体及行间距设置

我们做产品的时候，经常会分析同类型的产品。通过查看同类型的网站，可以参考学习字体的颜色、字号、行间距等设计，使我们的原型更加高保真。

STEP 01　在 Chrome 浏览器中选中需要查看的界面元素，如标题，单击鼠标右键，点击"审查元素"。

STEP 02　通过前端样式，查看标题的字号、字体类型和颜色。

采用类似的方法，还可以获得缩略图的尺寸等。

2.3 形状部件

Axure 中三大常用部件是文本、图片和形状，其中形状部件中尤以矩形部件最常用。无论是界面布局还是信息表达，都是通过形状部件的变化得到的。Axure RP8 中对形状部件新增了更多功能特性。

形状的类型

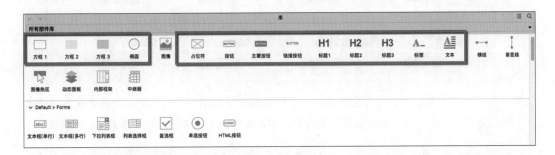

Axure RP8 对形状部件新增了几种不同的样式（方框 1、方框 2、方框 3、椭圆），同时增加了新的形状按钮和链接按钮样式。其中文本部件也是形状部件中的一种类型。后面介绍的标记部件其实本质上也是通过形状部件变形得到的。这些内置的部件类型，大大提高了原型制作的效率。

更改形状类型

除了在部件库中显示的形状类型外，Axure 还可以更改为其他的形状类型，如三角形、星形等。同样，更改形状的类型有两种方法，如下图所示。

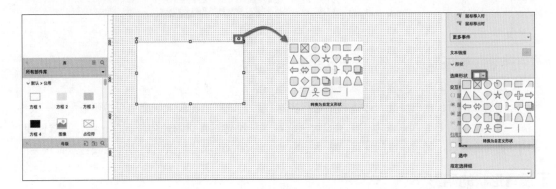

如果没有想要的形状类型，还可以选择将形状部件转化为自定义形状，随意调整形状的样式。

▋设置形状的颜色填充和渐变

矩形最常见的作用就是进行界面布局。由于原型稿和视觉稿不同，原型稿基本是通过明暗对比来表达视觉重点，所以在利用矩形进行布局时，很重要的一项操作便是对部件进行颜色填充。

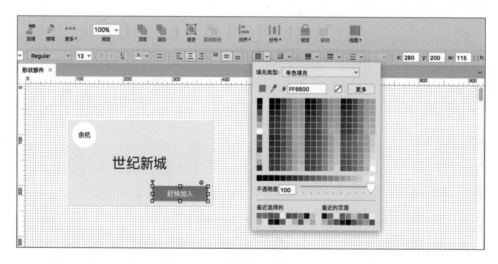

对于矩形部件颜色填充，Axure RP7 之后做了两大优化。

- ❑ 增加了吸管工具，可以吸取软件内的一切颜色值。
- ❑ 增加了最近使用的颜色，根据需要进行多次应用，该项功能最大程度上保持了原型的一致性。

  关于配色，建议大家参考相关的设计书籍，这里不做过多讲解。但需记住一点，尽量使用灰色为主色调，通过灰度的深浅来表达信息的主次，也可以适当采用一些其他颜色做重点突出。

▋设置形状的阴影

Axure 中阴影分为内部阴影和外部阴影，最常使用的是外部阴影。

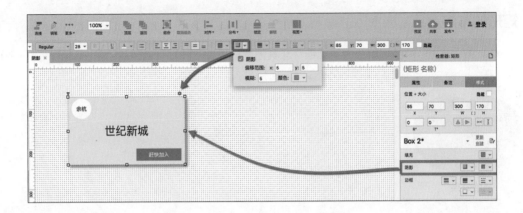

自定义形状的边框

　　RP8 中形状可以自定义设置形状的边框。可以自主地设置哪一个方向有边框线，哪一个方向无边框线。再也不需要通过遮盖的方式获取没有边框线的矩形了。遗憾的是，三角形等多边形经测试还不能进行自定义设置。

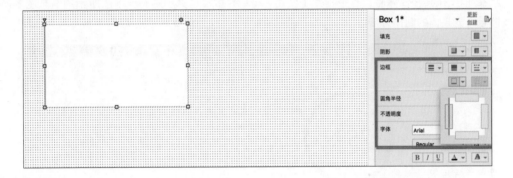

设置形状的圆角半径

　　和设置边框线类似，Axure 可以设置边框是否为圆角，可以在圆角和直角之间进行切换。在设置圆角之前需要先设置形状的圆角半径值，半径值越大越能显示出效果。

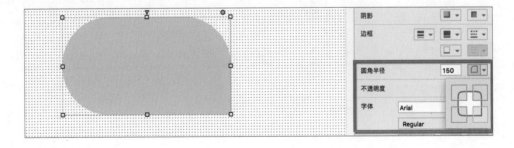

矩形的布尔运算

Axure RP8 增加了对图形组合的新功能，与其他图形软件一样，可以运用"布尔运算"进行图形组合。在 Axure 中主要有四种不同的布尔运算规则。

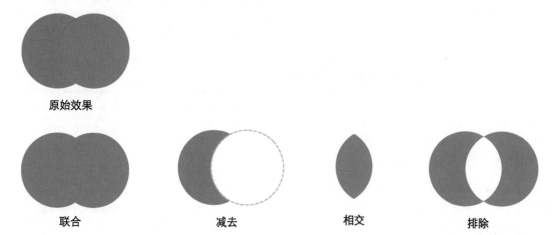

原始效果

联合　　　　　　减去　　　　　相交　　　　　排除

网友 Blink 在其 RP8 体验文章中提到了使用 Axure 的布尔运算规则制作下图所示的信息图表，这里我们看一下具体的制作方法。

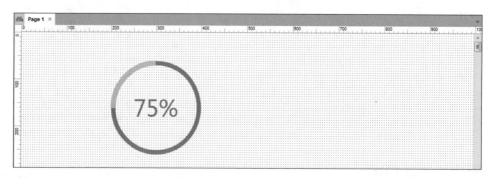

STEP 01 拖动两个矩形部件到页面编辑区域，分别设置尺寸大小为 200×200 和 180×180。

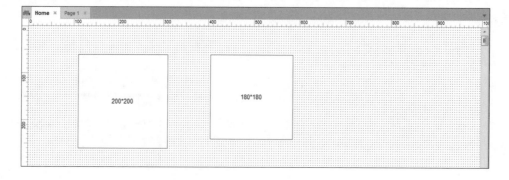

STEP 02 设置矩形的形状为椭圆。因为宽高相等，所以其实是圆形。

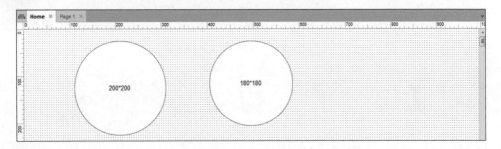

STEP 03 将小圆移动到大圆之上，上下左右居中，并减去重合部分，得到一个圆圈。

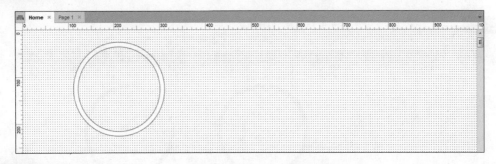

STEP 04 将圆圈复制出来一个，分别设置其填充颜色为灰色和橙色。

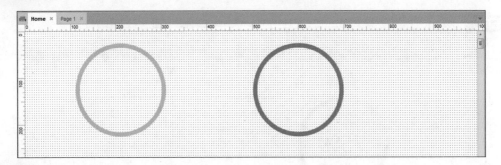

STEP 05 拖动一个矩形到页面编辑区域，将形状更改为饼图，并设置尺寸为 201×201。

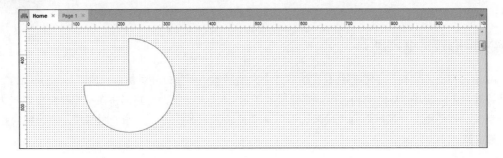

STEP 06 将饼图覆盖到灰色圆圈之上，并减去重叠部分。

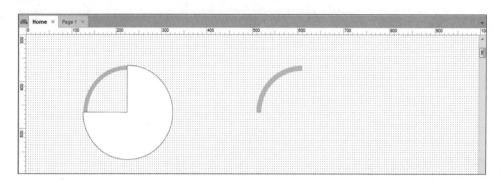

STEP 07 将减下来的 1/4 灰色圆圈覆盖到橙色圆圈之上。

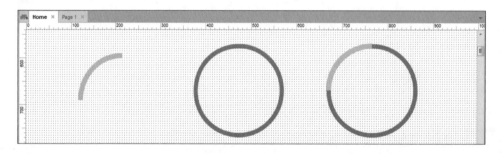

STEP 08 双击橙色圆圈，输入"75%"，调整字体、大小和颜色，至此完成制作。

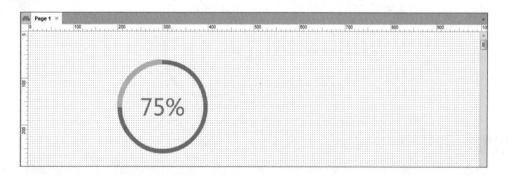

▌ 解决矩形双边框问题

Axure RP7 之前，矩形的边框线是在边界线中央然后向边界线内外两侧占用的。Axure RP7 的矩形边框线改为了默认从边界线向内占用，这就导致了用 Axure RP7 把两个矩形拼在一起时会出现双边框线的情况。我们点击"项目"→"项目设置"来调整边界对齐的方式，如下图所示，可以解决矩形双边框问题。

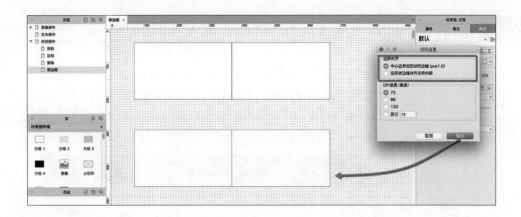

▌矩形的旋转

矩形的旋转分为外部形状的旋转和内部文字的旋转，默认情况下设置了形状的旋转角度，文字也跟着旋转对齐的角度。当然也可以单独设置形状和文字的旋转角度。当部件旋转一定角度之后，还可以直接设置其水平和垂直翻转。还可以通过设置交互动作，制作旋转的动效。

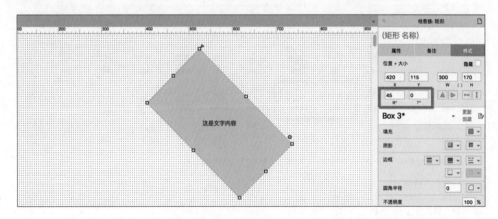

2.4　线条部件

　　线条部件在 Axure 中显得不那么重要，好像很少用到。但是，在真正设计过程中线条部件还是非常有用的，我们可以利用线条部件绘制各种样式的分割线，利用线条可以对页面中的元素进行信息层次的区分。

　　其实网页设计中处处都有线条的身影，只不过在原型设计过程中，大部分都用矩形部件进行了代替。京东的头部小导航，各个菜单之间就是使用垂直线进行间隔的，如下图所示。

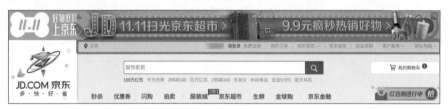

▎线条的类型

　　线条主要有两种类型，即横线和垂直线，直接选中一种类型拖动到页面编辑区域即可使用。

▎新的连线端点样式

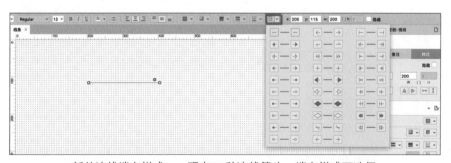

新的连线端点样式——现有29种连线箭头、端点样式可选择

线条的边框

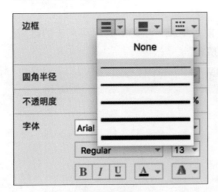

线条粗细

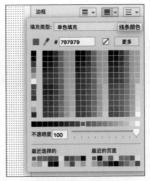

线条颜色

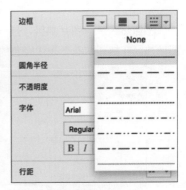

线条的样式

目前线条工具还不可以直接设置像素高度，只能通过选择线宽的类型来调整线条的高度。

双击给线条添加文字说明

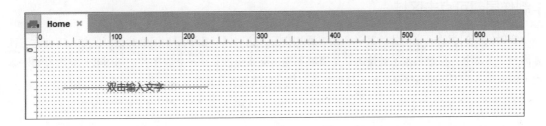

2.5 图像热区

图像热区又叫图片热区，是一个非常特殊的部件，它的功能是生成一个隐形的但可点击的区域。图像热区在编辑状态下是浅绿色的，但是在生成原型之后它是透明的。

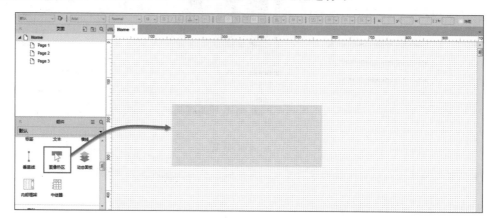

制作局部可点击区域

有时候我们想给一张图片的某一个区域添加交互，这时候就需要用到图像热区。比如，下面这张图片展示了多本书，但是每本书链接的详情页都不同，而本身这又是一整张图片，所以我们需要在每一本书上面覆盖一个小的图像热区，然后分别制作对应的链接页面。接下来我们看一下具体的实现步骤。

STEP 01 拖动一个图像热区到页面编辑区域，调整热区大小和第一本书保持一致，并且覆盖到图片之上。

STEP 02 点击选中热区，然后双击"鼠标单击时"。

STEP 03 打开用例编辑器，给图片添加点击事件。

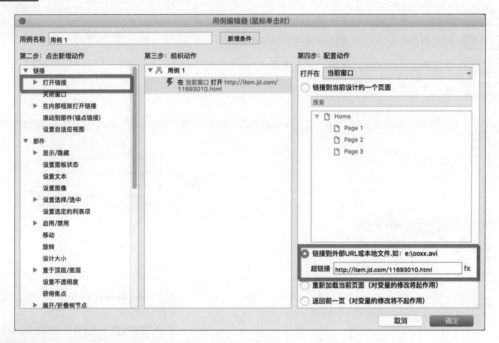

STEP 04 按照相同的步骤添加其他几本书的链接地址。

STEP 05 生成原型，在浏览器中查看链接效果，完成制作。

第 6 章将还会继续介绍利用图像热区做范围判断的案例，感兴趣的读者也可以直接跳到第 6 章提前了解。

2.6   内部框架

看一下网页框架代码：

```
<iframe border=0 name=lantk src="要嵌入的网页地址" width=400 height=400 allowTransparency
scrollbars=yes frameBorder="0" ></iframe>
```

看到上面这段代码，很多人肯定认出这是 HTML 语言中的框架引用，在 Axure 中也可以实现这样的框架效果，可以在页面中引用另一页面的内容。

嵌入页面区域中的页面

STEP 01　拖动一个内部框架到页面编辑区域，调整内部框架的大小。

STEP 02　双击内部框架，打开"链接属性"对话框。

STEP 03　选择需要嵌入的内部页面，这里选择"Page1"。

STEP 04　点击"确定"，完成嵌入。

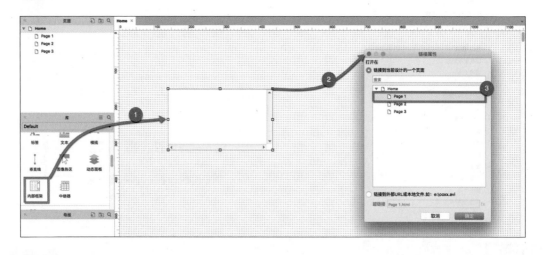

STEP 05　生成原型，在浏览器中查看效果。

引用外部网页

在原型绘制时，经常会遇到引用外部网页的需求，如引用百度首页。我们看一下如何利用内部框架引用百度首页。

STEP 01　拖动一个内部框架到页面编辑区域，调整内部框架的大小。

STEP 02　双击"内部框架"，打开"链接属性"对话框，输入"http://www.baidu.com"。

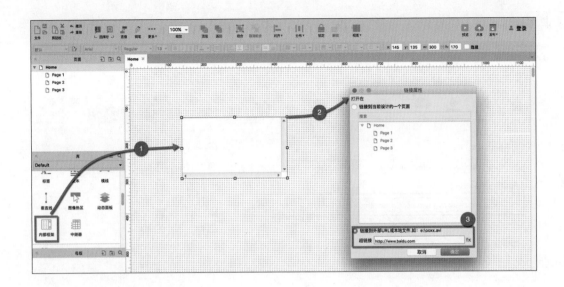

▌边框与滚动条设置

在引用外部网页和视频的时候，会发现框架的周围有边框和滚动条，很不美观。可以根据需要隐藏边框和按需显示滚动条，如下图所示。

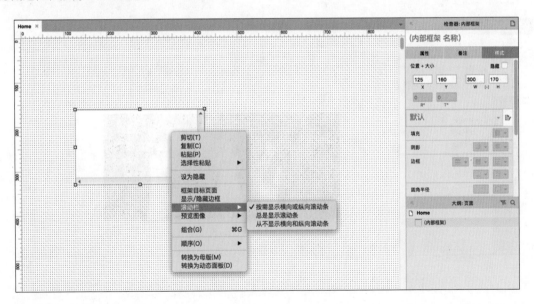

▌引用网站视频

内部框架无法直接引用 Flash 视频，但是可以引用优酷等视频网站的视频内容。我们看一下如何具体操作。

STEP 01 打开优酷网，随便打开一个视频内页，复制其 Flash 地址。

STEP 02 拖动一个内部框架到页面编辑区域，调整内部框架的大小，适配播放器大小。

STEP 03 双击"内部框架"，打开"链接属性"对话框，将之前复制的 Flash 地址粘贴在超链接文本框中。

STEP 04 生成原型，在浏览器中查看效果，完成制作。

▍预览图像

内部框架在编辑状态下是不能显示预览效果的。Axure RP8 对此进行了改进，可以设置框架引用的预览图像，对默认的图像也可以进行自定义设置。

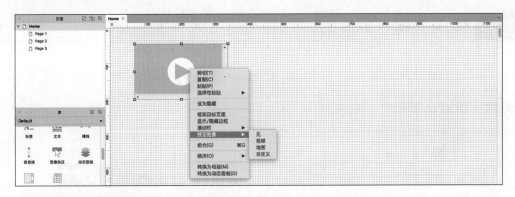

三种预览图像效果如下图所示。

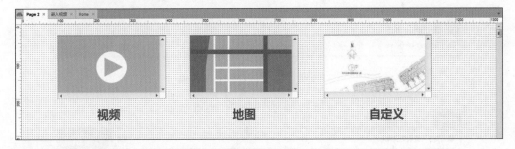

在预览图像的基础上，也可以优化边框和滚动条。

2.7 输入部件

负责录入和输入数据信息的部件，我们常说的表单，就是由文本部件和输入部件组合而成的。

▍设置表单默认提示文字样式

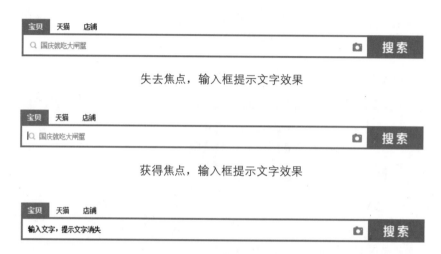

失去焦点，输入框提示文字效果

获得焦点，输入框提示文字效果

输入文字，提示文字消失

现在很多表单中都会有相关的文字提示，如"测体温，一秒便知温度哟"。当输入文字的时候，提示文字消失，删除输入内容时提示文字恢复。这个效果在 RP8 版本中可以很轻松地实现。

STEP 01 拖动一个文本框（单行）到页面编辑区域中，并点击部件属性区域。

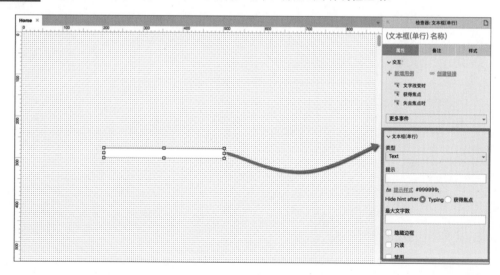

输入提示文字内容，并设置默认提示文字样式。

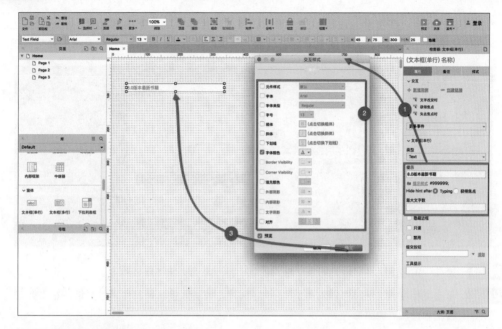

RP8 中对这块功能新增了两处改进。

□ 默认设置了文字的提示颜色为 #999999，省去了二次操作。

□ 新增了什么时候隐藏提示文字（Hide hint after）——输入文字时 / 获得焦点时，默认是输入文字时。

STEP 03 生成原型，在浏览器中查看效果，完成制作。

设置日历控件效果

在 Axure 早期的版本中，想要日历组件，都是组合多个部件，再设置很多交互才能得到。在新版中，我们再不必为此烦恼，Axure 自带了日历部件，输入部件单击右键选择"日期"即可得到。

设置密码遮罩样式

为保障账户安全，在登录、注册、支付等密码输入框中输入的文字内容都默认显示为黑色的小圆点，这就是密码遮罩效果，这样的效果在新版的 Axure 也是小菜一碟儿。我们看一下如何实现。

STEP 01 拖动一个文本框（单行）到页面编辑区域中，并点击部件属性区域。

STEP 02 单击鼠标右键，选择"输入类型"→"密码"，或者直接单击部件属性区域，在"类型"下拉框中选择"密码"。

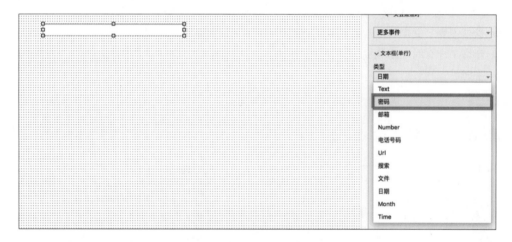

设置搜索输入框样式

下面以 360 搜索为例，讲解如何设置搜索输入框样式。

默认情况下输入框是没有任何内容的，当输入一个文字内容后，在搜索按钮的附近出现一个"X"按钮，点击这个按钮可以快速删除输入框中的文字内容，提高搜索效率。如下图所示，将文本框的"输入类型"选择为"搜索"即可。

直接调用资源管理器，模拟上传效果

在制作原型的过程中，经常需要模拟上传的功能，这时可以设置输入部件的类型为"文件"，就能模拟调用系统资源管理器实现上传效果。

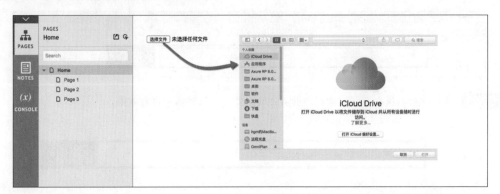

最大字数限制

Axure RP8 中对文本框还增加了一项功能，就是限制文本框输入内容的最多字数，该功能可以在某些需要限制输入内容长度的情况下使用。例如，注册时账户名称不得超过 20 个汉字。

▎隐藏文本框边框

Axure RP8 中还是无法对文本框设置边框样式。要想象下图所示的淘宝搜索输入框那样边框有自己的样式，我们可以变通一下实现这个效果。

STEP 01 拖动一个矩形到页面编辑区域，调整大小，并设置矩形的边框和淘宝搜索框一致。

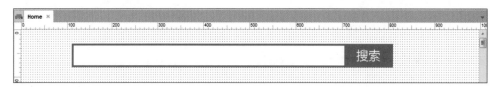

STEP 02 拖动一个文本框（单行）到矩形之上。

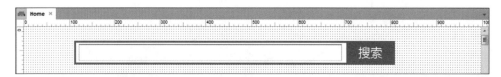

STEP 03 单击鼠标右键，隐藏文本框边框，生成原型，在浏览器中查看效果。

2.8 下拉部件

下拉部件可以让用户在多个选项中进行选择，并且只有一个选中项被显示出来。

添加下拉选项

STEP 01 拖动一个下拉部件到页面编辑区域。

STEP 02 双击下拉部件，打开"编辑选项"对话框，添加下拉选项，可以单个添加，也可以批量添加。

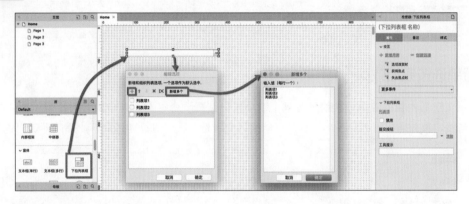

常见应用情景

1. 省、市、区联动：根据前面选择的省份，对应筛选后面的市和区，是下拉部件的主要应用场景之一。

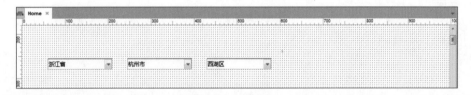

2. 搜索下拉框：类似百度这种关键词搜索联想下拉就是下拉框模式的新升级了。Axure中下拉框还没有办法直接实现这一效果，需要输入部件加动态面板，再加上高级交互事件才能实现。等后面讲完交互后，我们会针对这种设计模式做更详细的讲解，这里先了解一下下拉框的应用场景即可。

2.9 选择部件

选择部件有单选按钮和复选框两种类型，单选按钮顾名思义就是只能在多个之中选择一个，复选框就是可以选择多个。

设置单选按钮组效果

单选按钮最主要的应用场景就是在多个选项中只选择一个答案，如微博个人资料设置中的性别选择。当然，首先需要分析一下，性别只可能是男或者是女，二者只能选其一，不能即是男也是女。

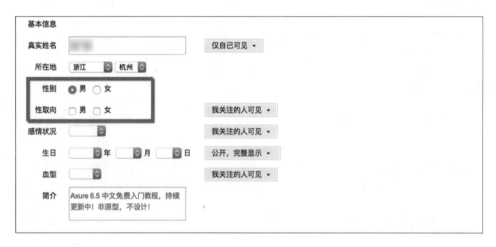

STEP 01 快速绘制一个男女的单选按钮线框图。

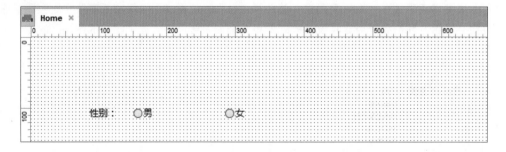

这个时候，如果点击预览原型，会发现点击男、女都会被选中，这不是我们想要的效果。

STEP 02 选中两个单选按钮，单击属性面板，在"指定单选按钮组"中输入一个组名"性别选择"。

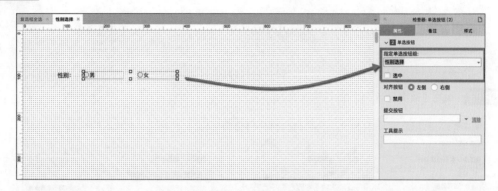

可以创建一组部件，一次只有一个部件可以被设置为选定的状态。当组中的任何一个部件被选定时，其他部件自动恢复默认状态。如果勾选了"选中"按钮，在生成原型之后会有一个单选项被选中。同时还可以设置单选按钮的对齐方式。

STEP 03 生成原型，在浏览器中查看效果，完成制作。

设置复选框全选效果

☑全选	姓名	年龄	入职
☑ 145267			
☑ 145268			

做一些管理系统的时候，常常会有这样的列表：表头有一个全选，每一行前面也有一个复选框可以对当前行进行选中。在进行批量操作的时候，直接勾选全选项，即可选中当前列表全部行数据。批量功能可以大大提高操作效率。这个功能涉及后面的交互事件添加。这里我们简单演示一下制作过程，提前感受一下。

STEP 01 在页面编辑区域制作一个类似上图的列表，分别给部件命名为"全选""行一""行二"。

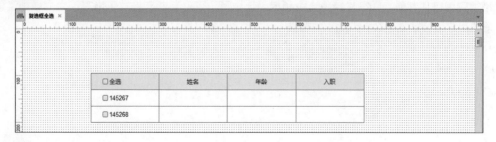

STEP 02 单击选择复选框"全选"，双击"选中"事件，打开用例编辑器。

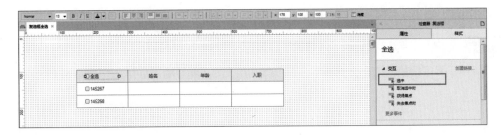

STEP 03 设置"行一""行二"为选中（真）。

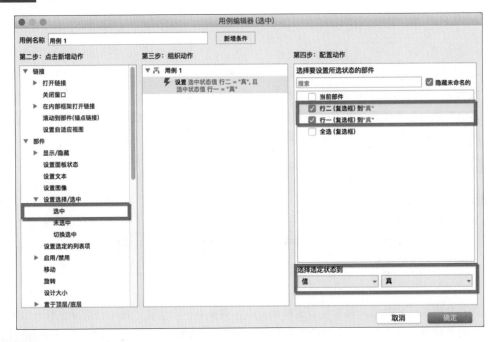

STEP 04 同样步骤设置"全选"复选框在取消选中时，"行一""行二"也取消选中。

STEP 05 生成原型，在浏览器中查看效果，完成制作。

在这个案例当中，我深刻地感受到 Axure RP8 的体验度上的提升。RP8 版本之前如果要实现这一效果必须应用条件判断，现在直接将选中和取消选中两个事件判断直接放了出来，大大增加了便利性。好的用户体验就是这么一点点小的改进。

2.10　按钮部件

可能 Axure 的产品经理也意识到软件自带的部件库的按钮部件实在是太差了，所以在新版的 RP8 当中增加了三个按钮部件，虽然只是形状部件的变形，还没有实现 HTML 按钮的鼠标悬停时、按下时的效果，但也算是一种改进了。

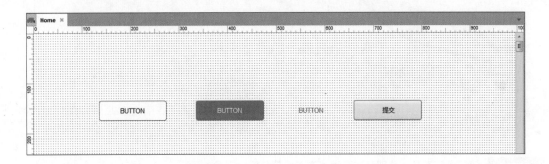

在实际的原型设计过程中，我们即想按钮美观又想有 HTML 按钮的点击效果。其实通过设置形状部件的交互样式就可以实现这一点。本节我们通过讲述形状部件的交互样式（悬停、按下）来制作一个具备点击感的按钮。

▌制作百度搜索按钮

目标案例分析如下。

下面三张图是我们截取的百度搜索按钮的三种交互样式，可能是因为截图的关系，但三张图区别不是特别明显，建议大家实际打开百度搜索页面直接看一下效果。

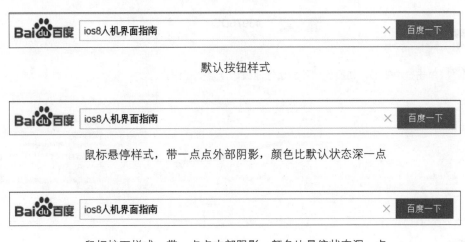

默认按钮样式

鼠标悬停样式，带一点点外部阴影，颜色比默认状态深一点

鼠标按下样式，带一点点内部阴影，颜色比悬停状态深一点

STEP 01 拖动一个矩形部件到页面编辑区域，并设置大小为 100×35，修改显示文字为"搜索"。

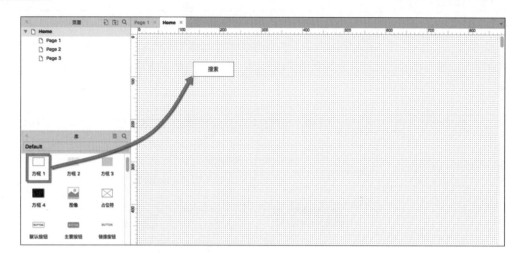

STEP 02 使用吸管工具，分别获取三种状态下的颜色值，记录备用。

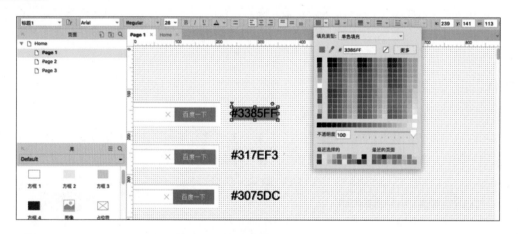

STEP 03 单击选中矩形，切换到部件的属性面板，设置交互样式。

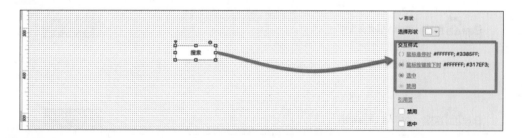

STEP 04 设置鼠标悬停状态下交互样式的颜色值和阴影效果。

STEP 05 设置鼠标按下状态下交互样式的颜色值和阴影效果。

STEP 06 生成原型，在浏览器中查看效果。

　　本节通过一个按钮的实例，练习了形状部件在鼠标悬停和按下时的交互样式，还剩下选中和禁用两个效果，我们将在后面的案例中展示。

2.11 树部件

树部件，做管理型后台时非常方便的一个导航部件，可以自定义收起、展开，还可以自定义树的图标。著名的 J-UI 前端框架的左侧导航采用的就是树部件。

添加树节点

STEP 01　拖动一个树部件到页面编辑区域。

STEP 02　选中一个节点，单击右键选择"新增"。

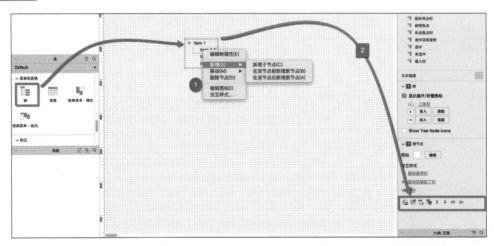

有两种方法新增树节点，第 2 种方法应该说是 RP8 的体验改进，不需要右键菜单，在右侧属性区域点击图标新增，更加直接了。

编辑树图标

STEP 01 拖动一个树部件到页面编辑区域。

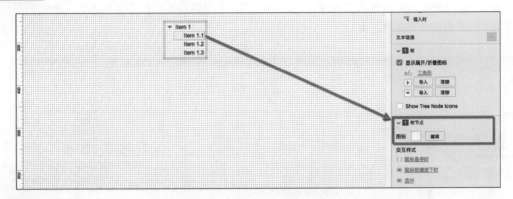

STEP 02 选中一个节点，在部件属性中点击"编辑"图标，弹出图标设置对话框。

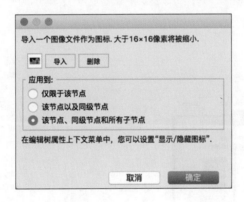

STEP 03 勾选显示图标（Show Tree Node Icons）。

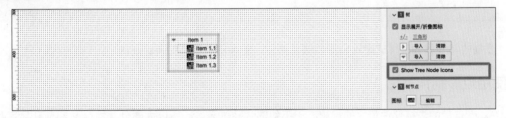

导入图标后，必须勾选显示图标，否则导入的图标不会被显示。

2.12 表格部件

Axure 中的表格部件也被我归为最冷门部件，究其原因是不能进行合并单元格。遗憾的是，在 RP8 中这一点依然没有得到优化。

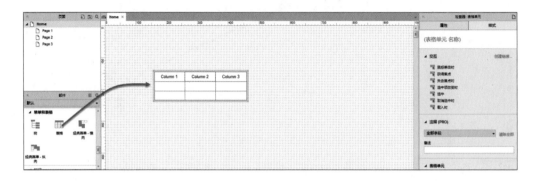

插入表格的行与列

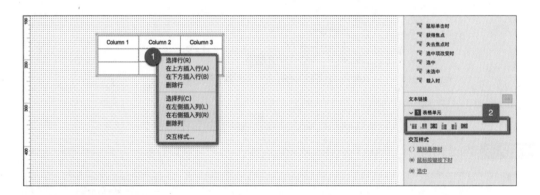

表格的其他属性及样式设置和形状部件类似，参考形状部件即可。

使用矩形制作表格

Axure 自带的表格部件最大的局限在于不能够合并单元格，所以大部分时候，更多人习惯使用矩形部件来制作表格。

STEP 01 拖动一个矩形部件到页面编辑区域，设置 w=100、h=30。

STEP 02 按住 Ctrl 键，拖动矩形部件，复制 12 个同样大小的部件。

STEP 03 将 12 个矩形部件拼凑在一起呈表格状。

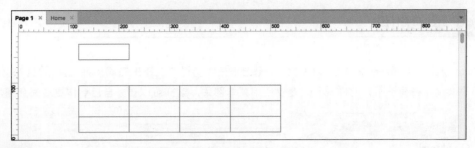

STEP 04 将第一行的 4 个矩形全部填充颜色，作为表头。

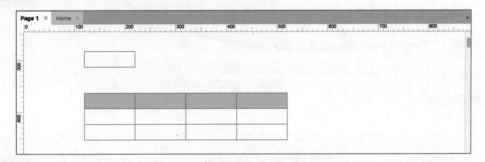

STEP 05 将第一列第二行单元格删除。调整第一列第三行矩形的高度为 60，实现合并单元格效果。

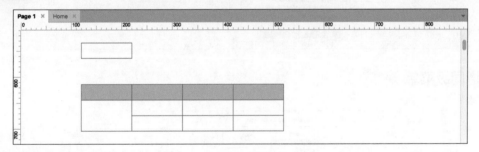

带斑马纹表格

使用带斑马纹的表格可以更容易区分出不同行的数据。

日期	姓名	地址
2016-05-03	王小虎	上海市普陀区金沙江路 1518 弄
2016-05-02	王小虎	上海市普陀区金沙江路 1518 弄
2016-05-04	王小虎	上海市普陀区金沙江路 1518 弄
2016-05-01	王小虎	上海市普陀区金沙江路 1518 弄

2.13 菜单部件

Axure 中的菜单部件也属于最冷门部件，无论是在视觉样式上还是在实用性上都不是特别好。但对于新手来说，在有子菜单的样式时，建议使用菜单部件，这样可以省去自己制作更多的交互。

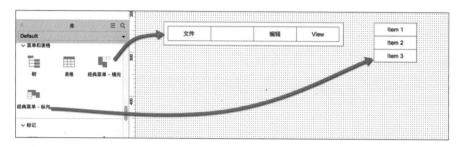

新增子菜单

新增同级菜单

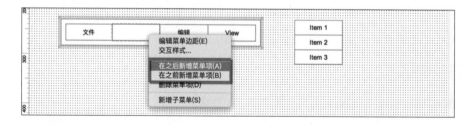

编辑菜单边距

2.14 快照部件

快照部件的目标就是让你更快地创建和更新自定义文档。它从页面或者所引用的母版中截取图像，可以移动和缩放快照，把焦点放在页面的特定部分。当页面改变时快照也会自动更新。

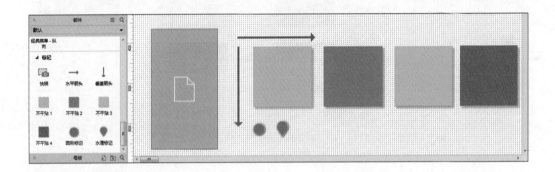

快照部件截取页面图像

STEP 01　拖动快照部件到页面编辑区域，双击快照部件或点击属性面板中新增引用页面。

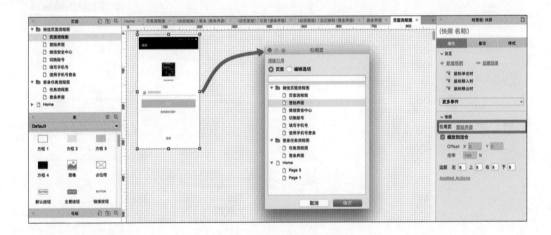

快照部件和引用的页面保持同步更新，若原页面发生变动，快照页面也发生变化。通过快照部件绘制移动 App 界面流程图非常便利。

STEP 02　按照同样的步骤，制作其他页面快照。

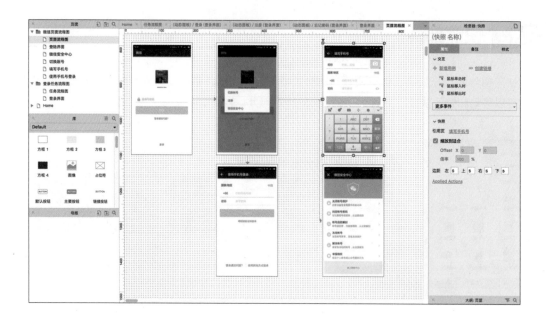

快照部件截取特定状态

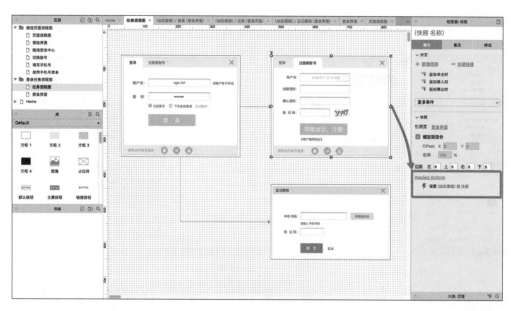

　　快照部件可以在设置一些应用动作之后，显示那个页面变化之后的状态。例如，上述登录界面是一个动态面板，包含三个状态，即登录、注册、忘记密码。可以利用快照部件分别显示三个状态。

2.15 流程图

流程图是一个完整原型必不可少的部分。很多时候我们不需要借助外部的流程图软件，因为 Axure 自身就有流程图部件。可以在部件面板中进行切换，显示流程图部件。

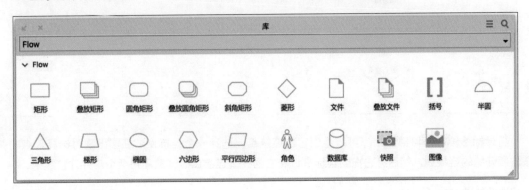

绘制一个流程图

STEP 01 拖动两个流程图部件到页面编辑区域。

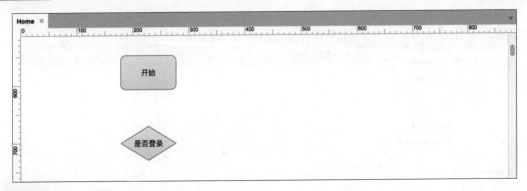

STEP 02 在工具栏中选择"连接"模式。

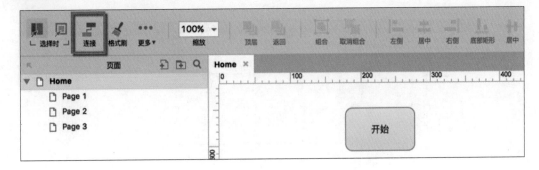

STEP 03 将连接点光标移动到部件的连接点上，按住鼠标左键，连接部件。

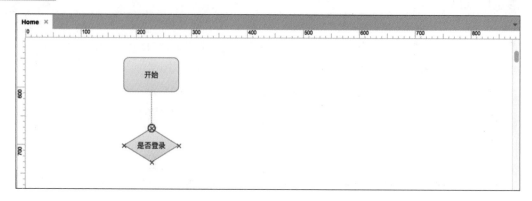

　　将光标悬停在任何部件上都可以看到它的连接点。选择一个连接点，红圈出现时选择，点击并按住圈开始的连接线，然后将它拖到目标窗口和它的一个连接点时释放，将两个部件连接起来。

▌添加连接点

　　连接点可以添加、删除，并且可以在部件内随意移动，甚至移动到一个部件的内部。

STEP 01 单击选中一个部件，然后单击"连接 Pt"工具。

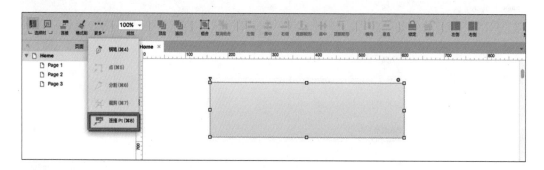

STEP 02 将光标移动到部件上，单击一次光标即可添加一个连接点。

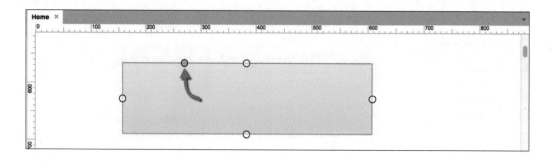

生成流程图

Axure 可以根据页面面板中的页面生成页面流程图。

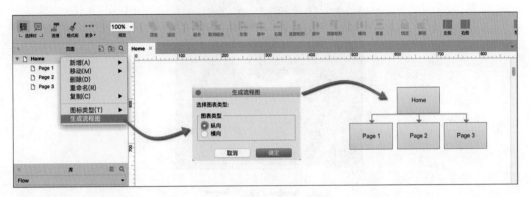

快速上手

3.1 自定义工作区域

在实际设计的时候，我们总是期望自己的设计区域足够大，于是，将工作区域按照自己的想法进行自定义就变得很重要。在 Axure RP8 中更是新增了自定义工具栏功能。

通过菜单显示/隐藏工作区域

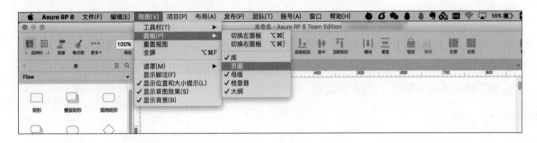

选择"视图"→"面板"，勾选需要显示或者隐藏的面板区域，当想重新恢复默认的工作视图时，直接点击"视图"→"重置视图"即可。

通过工具栏显示/隐藏工作区域

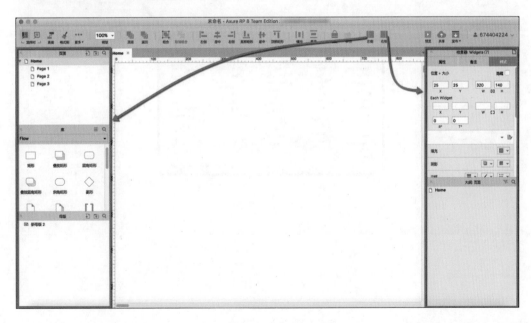

点击工具栏上隐藏左侧或右侧，即可隐藏整个左侧或者右侧工作区域，再次点击即可恢复工作区域。

弹出工作区域

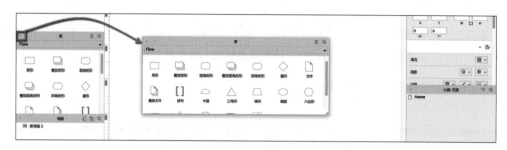

- □ 点击每个工作区域左上角的向上小箭头即可将该工作区域弹出。
- □ 当这些区域处于停靠状态时,区域之间的位置顺序是无法改变的。
- □ 当工作区域被分离后,鼠标浮动到区域的四边,可以调整区域的显示大小。

自定义工具栏

在工具栏上单击鼠标右键,然后单击"自定义工具栏",打开自定义工具栏对话框,根据自己的需求进行自定义设置。

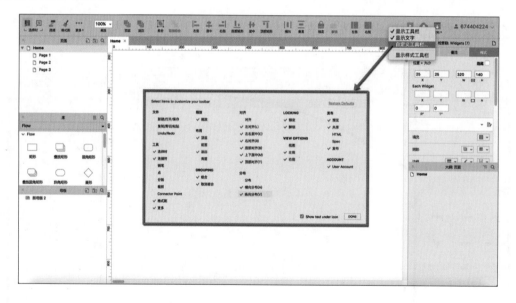

3.2 部件样式编辑器

Axure 中样式编辑器分两种，即部件样式编辑器和页面样式编辑器。样式编辑器是 Axure 中对部件和页面默认视觉样式的全局控制。若默认的标签部件是 Arial 字体，此时可以修改部件的默认样式，标签部件的默认字体设置为微软雅黑，那么在下一次使用该类型部件时字体就默认显示为微软雅黑。

 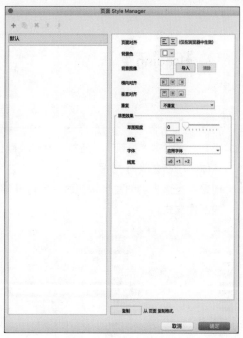

▌更改样式类型

拖动一个部件到页面编辑区域可以在部件样式面板中查看该部件的默认样式，同时可以点击下拉按钮更改样式的类型。

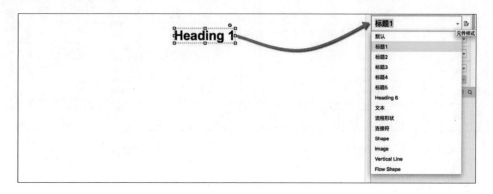

更新与创建样式

Heading 1 部件的默认字体大小是 23 号，如果直接将 Heading 1 的字体大小调整为 25 号，这时部件样式区域的样式编辑模块就会出现更新和创建按钮。

- ❑ 更新：当点击"更新"按钮时，会修改默认的"标题 1"的样式。后面再应用"标题 1"样式，字体大小都会改为 25 号。
- ❑ 创建：当点击"创建"按钮时，会打开部件样式编辑器，并依据当前的部件样式创建一个新的部件样式。

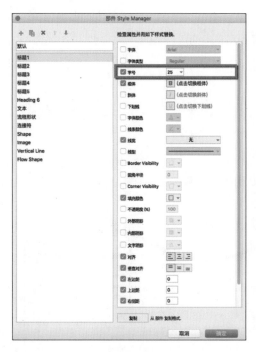

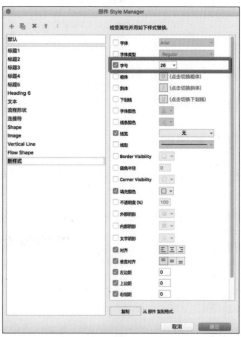

更新样式   创建样式

3.3 锁定与解锁

在进行快速排版的过程中，有时要快速选中某些部件，但是又不想选中它周边的，又或者是想保持固定的尺寸比例，这时就可以将其锁定起来。

位置的锁定与解锁

锁定过后，再次点击矩形部件，矩形部件就会显示红色边线，表示该部件已经被锁定。

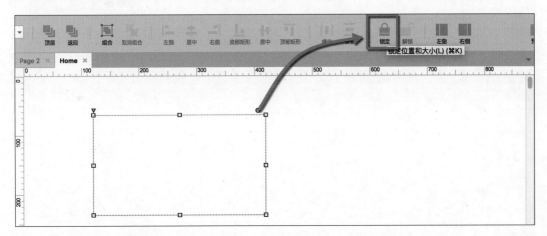

锁定的部件可以重新解锁。被锁定的部件坐标和尺寸都不可以被调整，但颜色、字体等还可以进行调整。

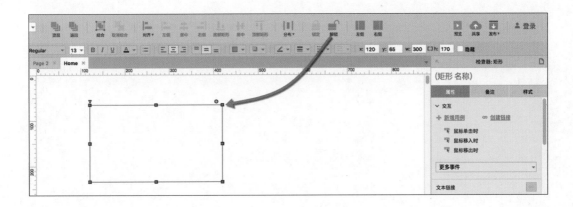

尺寸的锁定与解锁

尺寸的锁定是 RP8 中新增加的功能，锁定过后可以同比例调整部件的尺寸大小。

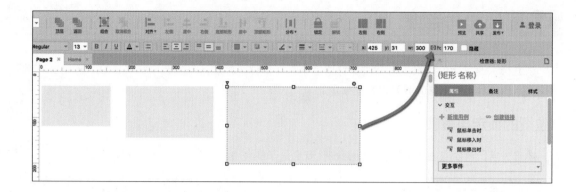

第3章　快速上手

3.4 鼠标的两种选择方式

Axure 对鼠标有两种选择方式，通过这两种方式可以很方便地对页面上的部件进行选择、移动和排列。

相交选择模式

Axure 中默认的选择模式是，在页面中单击并按下鼠标左键进行拖动，所有被选择区接触到的部件都会被选中（哪怕只有一点点被接触到）。在实际绘制原型的过程中，大部分使用的是相交选择模式。

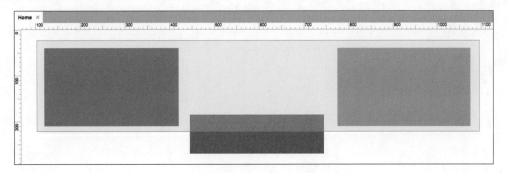

包含选择模式

只有被完全包含在选择区内的部件才会被选中。一般在页面布局比较复杂的情况下，想选中其中某个部件时，才会用到这种模式。

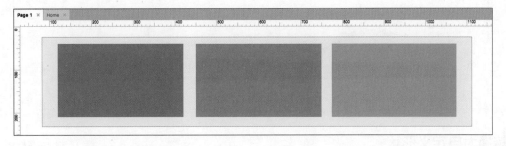

最快速的原型绘制方式是根据自己的需要，在这两种选择方式中自由切换，而不是一直使用某一种方式。

3.5 钢笔工具

Axure RP8 新增了钢笔工具，通过钢笔工具可以绘制自定义形状。

绘制自定义形状

STEP 01 单击工具栏上的钢笔工具图标。

STEP 02 在页面空白区域，单击一下绘制第一个连接点，然后依次移动鼠标绘制其他连接点。

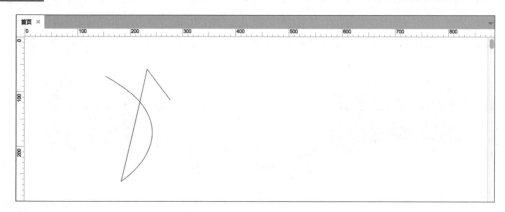

STEP 03 结束时可以点回到"起点"，形成一个封闭的图形。

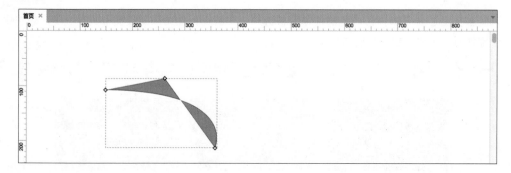

转换为自定义形状

转换为自定义形状后可以调整形状的外形。

STEP 01 拖动一个矩形到页面编辑区域，单击右键，选择"转换为自定义形状"。

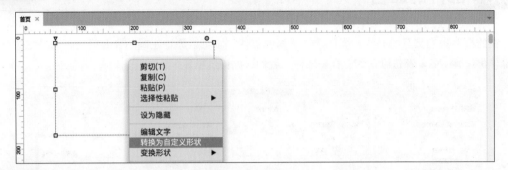

STEP 02 将鼠标移动到形状节点，按住鼠标左键向内拖动。

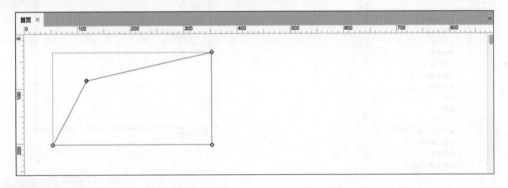

STEP 03 添加新的形状节点，调整形状。

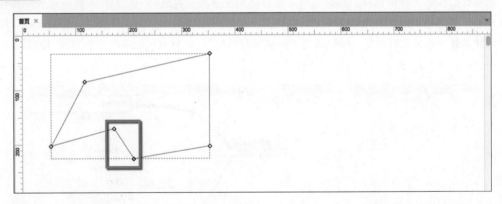

　　鼠标再次移到路径线附近，鼠标会显示有一个"＋"号，此时点击路径线会增加出一个节点。
拖动该节点，可以调整节点的位置。

3.6 部件的命名

在给部件添加交互的时候，需要选择正确的部件，才可以添加正确的交互行为。可是如果所有的部件都没有命名，都是默认的无标签部件，我们该如何选择？

面对这么多的无标签部件，如果你想知道自己要设置的究竟是哪一个部件，在拖动一个组件到页面编辑区域时就必须记得给部件命名，哪怕是一个数字或者英文字母，只要你认得就可以。建议按照部件本身的含义进行命名，同时勾选"隐藏未命名的"，这样就可以最快速找到我们需要添加交互的部件。

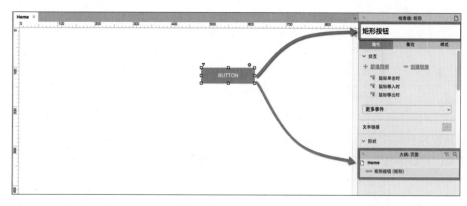

被命名的部件在大纲区域也会直接显示出来。

3.7 自动备份功能

忘记保存、电脑意外重启、不小心删除，做原型设计时，总是有太多的意外！因为意外导致 Axure 原型没有保存，最后只能加班加点重新再做，这是非常辛苦的一件事情，其实 Axure 是有自动恢复功能的，那就让我们见识一下，如何让意外不再可怕！

▎开启自动备份

点击"文件"→"备份设置"进行设置，Axure 默认的备份间隔是 15 分钟，我们可以进行调整，但千万要记得勾选"启用备份"。

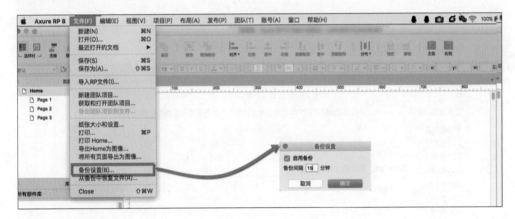

▎从备份中恢复文件

STEP 01 点击"文件"→"从备份中恢复文件"打开从备份中恢复文件窗口。

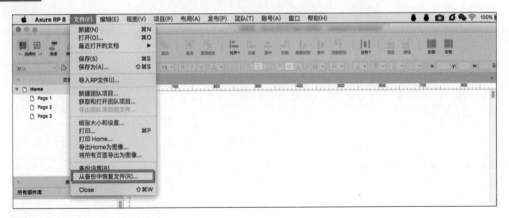

STEP 02 单击选择对应时间的版本，然后单击"恢复"。

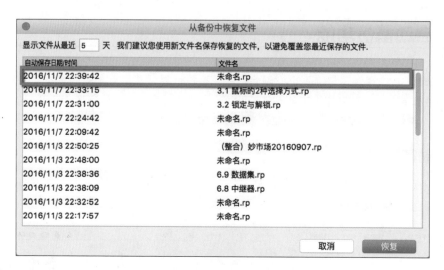

STEP 03 对恢复的文件进行重命名，并选择保存路径，单击"Save"。

3.8 第三方部件库

在打算正式开始原型设计之前，我想你一定想得到一些已经制作好的部件，包括导航、警告框、弹出框，还有 iOS8、Android 5.0 等更多部件。这些已经制作好的部件可以直接应用到你的原型设计中去。

▌Axure 官方部件库

Axure 官方部件库中不只是有官方制作的部件，还有很多第三方制作的部件，只是这些部件可能是需要进行付费下载的。

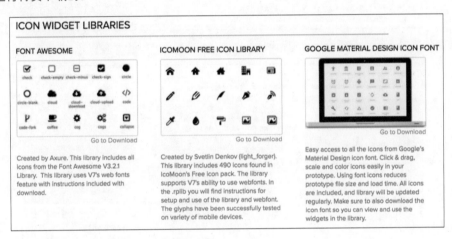

▌Webppd 社区精选组件库

网友和社区官方收集和制作的组件库包含了 PC 端组件和移动端组件。

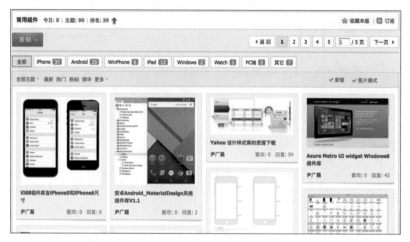

网友制作的精选组件需要论坛虚拟币购买。

百度搜索部件

除了上述两个地方有大量部件外，还可以利用搜索引擎进行部件的搜索，常用关键词（部件、组件、控件），通过这些关键词可以找到大量网友贡献的部件。

3.9 阿里巴巴图标素材库

Iconfont——中国第一个最大且功能最全的矢量图标库，提供矢量图标下载、在线存储、格式转换等功能。由阿里巴巴体验团队倾力打造、设计和前端开发的便捷工具。

专为电商体系打造的全套图标

这个网站涵盖了全套淘宝系列产品的图标，包含 PC 端和移动端，成套的图标体系可以保持原型设计的一致性。

直接搜索获取图标

有时候不需要全套的图标体系，只需要单个图标，Iconfont 也支持单个图标的搜索，并支持中英文搜索。

STEP 01 在头部搜索框中直接输入要搜索的图标关键词，如"箭头"或"arrow"。

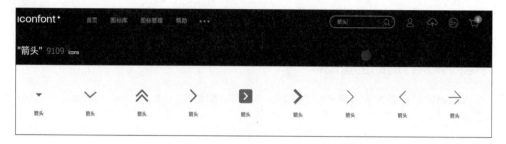

STEP 02 鼠标移动到其中一个图标上，单击下载图标按钮。

STEP 03 自定义需要下载的图标的颜色和尺寸。

STEP 04 单击"下载 PNG"，导入到 Axure 中使用即可。

3.10 Font Awesome图标

Axure RP8 版本中内置了 Font Awesome 图标，可拖动调整大小和设置填充颜色。

调整大小

按住 shift 键可以直接等比例调整 Font Awesome 图标大小，也可以直接输入数值调整。

调整颜色

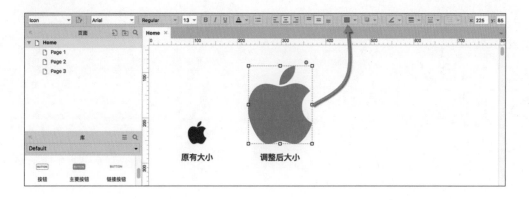

CHAPTER

4

快速排版

4.1 网络

网格的最大作用是帮助我们进行快速对齐和排版,可以很清晰地调整两个部件之间的间距。

显示与隐藏网格

第一次启动 Axure 软件时,网格默认是关闭的。我发现很多人没有开启网格功能的习惯,甚至想不出网格有什么用。你是不是也是这样想的?

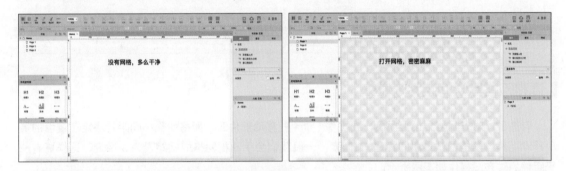

这里我们看一下如何显示和隐藏 Axure 的网格。在 Axure 中大部分功能操作都有两种方式,一种是通过顶部菜单栏实现,一种是通过右键菜单实现。

STEP 01　单击"布局"→"网格和辅助线"→"显示网格"。

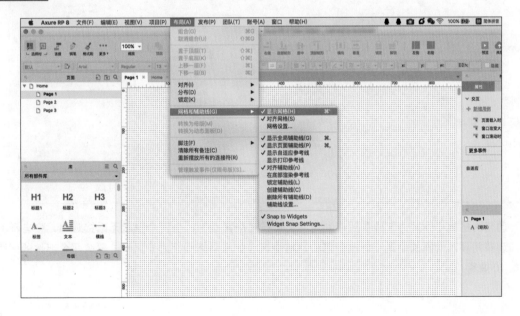

STEP 02 在页面编辑区域空白区单击鼠标右键，选择"网格和辅助线"→"显示网格"。

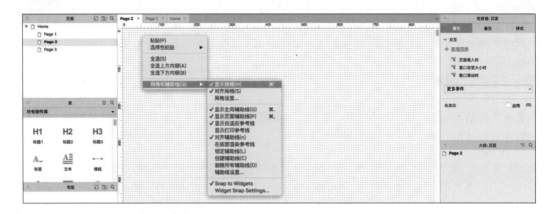

调整网格默认间距为5像素

勾选了"对齐网格"设置项后，在按住 Shift+ →移动部件时，网格的最小间距就决定了键盘的最小移动距离。网格默认最小间距是 10 像素，一般我们会手动把网格的间距设为 5 像素，这样更有利于组件的对齐，操作如下图所示。

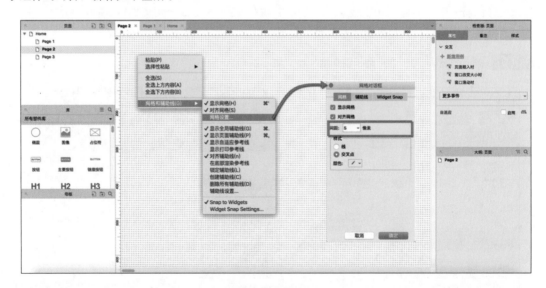

调整网格最小间距为 5 像素后，利用网格进行布局排版时，当两个形状无限接近时，会自动判断，调整间隔，间隔的距离正好是两倍的网格距离。如果网格间距为 5 像素，那么两个部件的间距就是 10 像素。

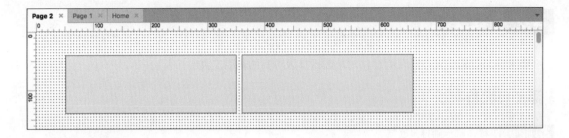

部件对齐到网格

单击"网格和辅助线"→"对齐网格"开启对齐网格设置后，从部件库拖动部件到页面编辑区域的所有部件默认都是对齐到网格的。

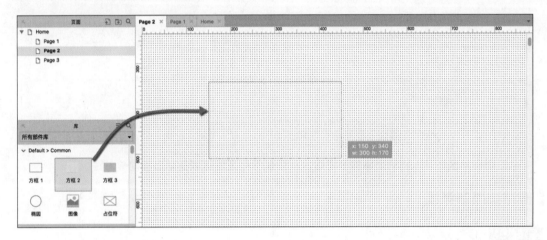

4.2 参考线

参考线又称辅助线，是帮助部件对象进行排版对齐的辅助工具

添加页面参考线

STEP 01 移动鼠标到标尺区域。

STEP 02 按下鼠标左键，拖动到页面编辑区域。

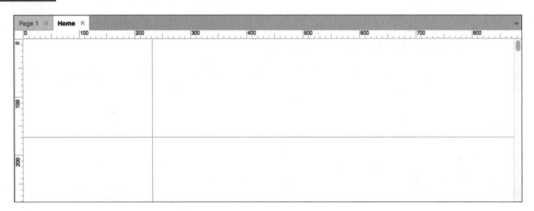

从左侧标尺区域可以拖动出纵向参考线，从顶部标尺区域可以拖动出横向参考线。

删除页面参考线

STEP 01 移动鼠标到参考线之上。

STEP 02 单击鼠标右键，弹出对话菜单，选择"删除"参考线。

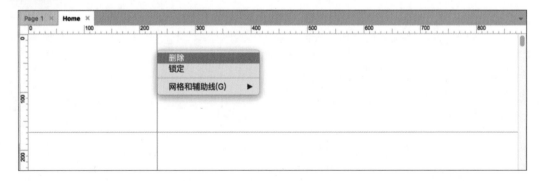

锁定页面参考线

在进行页面原型绘制时，为了避免拉出的参考线发生位置的变动，可以锁定参考线。

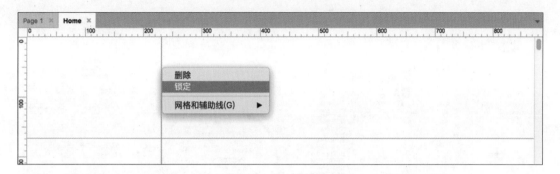

锁定的参考线，鼠标移动上去，会呈现一个小锁形状，表示该参考线已经被锁定。

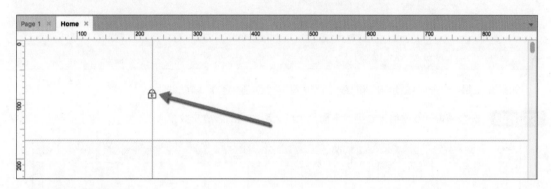

创建栅格参考线

所谓栅格系统就是将一个页面宽度 W 划分成 n 个网格单元 a，每个单元之间的间隙为 i，以规则的网格阵列来指导和规范网页中的版面布局以及信息分布。

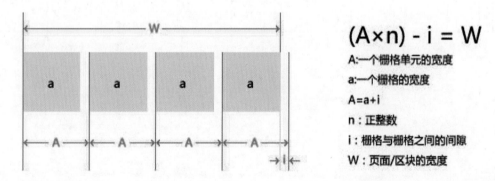

$$(A \times n) - i = W$$

A：一个栅格单元的宽度

a：一个栅格的宽度

A=a+i

n：正整数

i：栅格与栅格之间的间隙

W：页面/区块的宽度

与自动将页面划分为 n 个网格单元类似，Axure 中内置了多套删格辅助线方案，我们看下如何实现。

STEP 01　单击"布局"→"网格和辅助线"→"创建辅助线"，打开创建辅助线对话框。

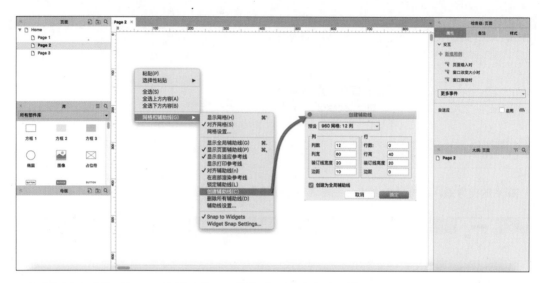

如果要在每个页面都显示该辅助线，记得勾选"创建为全局辅助线"。

STEP 02 选择预设 960 网格：16 列。下面是生成之后的辅助线显示效果。

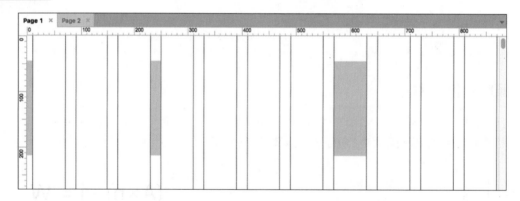

4.3 智能参考线

Axure RP8 版本中增加了智能参考线，即对齐对象功能。对齐对象功能平时是看不到的，只有在移动部件进行排版和布局的时候才会显示。

设置对齐对象

STEP 01 点击"网格与辅助线"→"Widget Snap Settings"，弹出网格对话框，在"Widget Snap"中进行相关设置。

STEP 02 勾选中"对齐边缘"。垂直 10 像素，横向 10 像素，表示两个控件之间多少距离会出现智能参考线，可以修改值的大小。

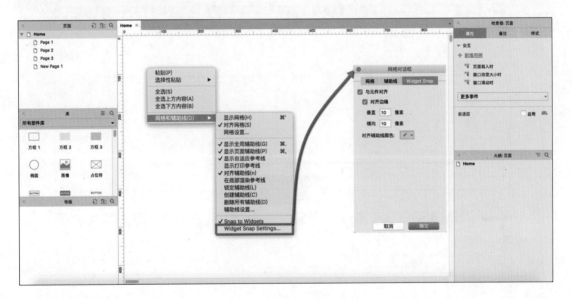

5种对齐效果

移动部件时，智能参考线会自动寻找部件的对齐线、中心线、部件边界。沿着这些可吸附位置会出现临时参考线，松开鼠标后部件会自动对齐。

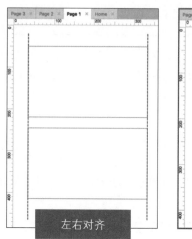

左右对齐

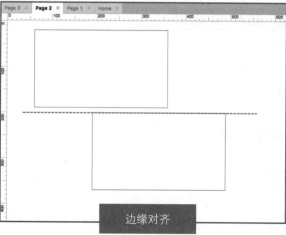

边缘对齐

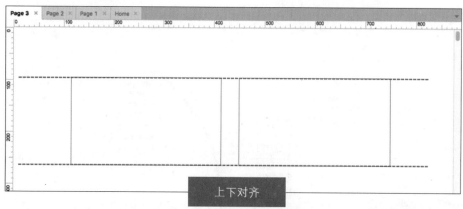

上下对齐

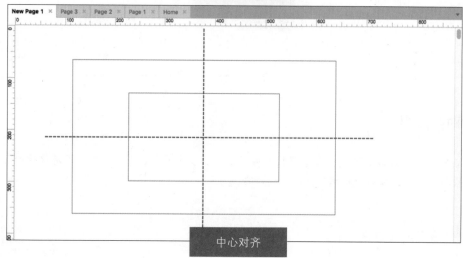

中心对齐

4.4　对齐与分布

▌6种对齐方式

很多人在原型设计时速度比较慢，究其原因就是用眼睛在排版，鼠标在一点点地对齐，怎么调整都始终觉得不齐。这样的原型设计习惯，既不专业，也没有办法实现快速排版。

Axure 为快速进行排版提供了强大的对齐功能，你会发现对齐是真正实现快速排版的利器。

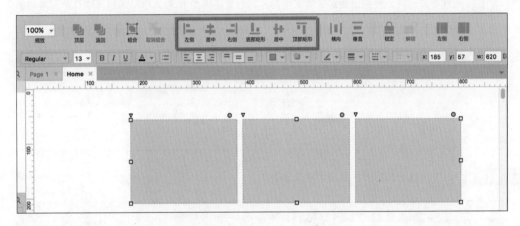

▌2种分布类型

有时候，我们需要让几个部件间距相同。如果你还在凭直觉进行排版，那就太不专业了。除了对齐，还有一项工具在排版中应用非常频繁，那就是分布。而且往往分布和对齐是混合在一起使用的。先使用对齐工具进行对齐设置，再使用分布工具进行间距调整。需要注意的是，分布功能必须选择 3 个及以上部件才可用，同时必须先确定两端对象的距离，才能保证所有控件之间的距离。

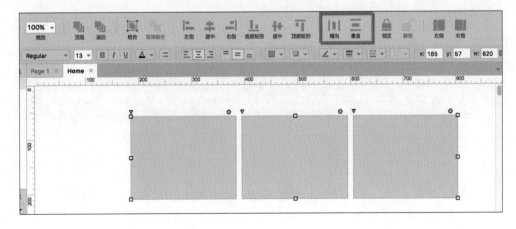

利用分布与对齐功能制作淘宝导航

下面我们利用分布与对齐功能，快速进行多个文本的排版，实际制作一个淘宝的文本导航。

STEP 01 拖动标签部件，分别设置对应的文字内容，设置字体为 16 号大小，调整其中几个文本的颜色。

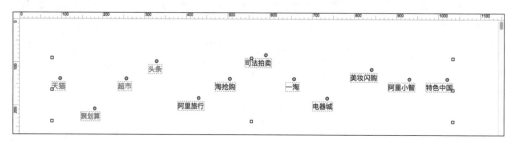

STEP 02 Ctrl+A 全选全部标签，选择"底部对齐"。

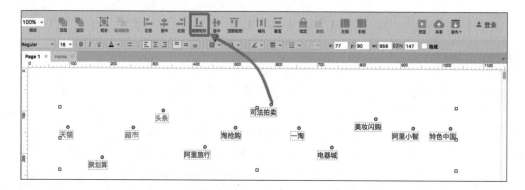

STEP 03 Ctrl+A 全选全部标签，选择"横向分布"。

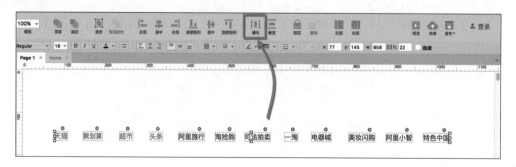

4.5 组合

在实际原型设计的过程中,我们往往需要把多个不同的部件组合成一个组件,一旦多个分散的对象成为一个整体,就可以进行整体移动、复制、粘贴,还可以整体调整大小。Axure RP8 中还可以对组合的部件添加交互事件。

▌快速组合/取消组合部件

STEP 01   Ctrl+A 全选页面编辑区域中的三个矩形部件。

STEP 02   点击工具栏上的"组合"按钮或按快捷键 Ctrl+G。

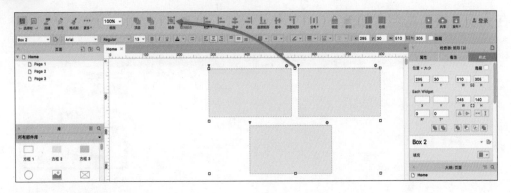

▌对组合的部件进行命名

Axure RP8 版本之前,组合的部件是无法进行命名的。在 RP8 版本中组合的部件也可以像单个部件一样进行命名。

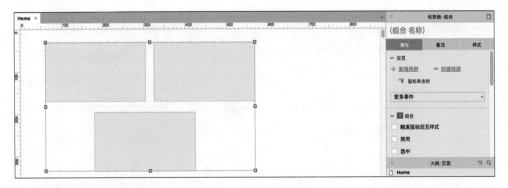

▌对组合的部件添加交互

Axure RP8 版本之前,组合的部件是无法添加交互的。在 RP8 版本中组合的部件也可以像单个部件一样添加交互。

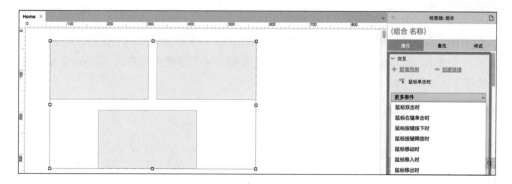

在大纲面板查看组合部件

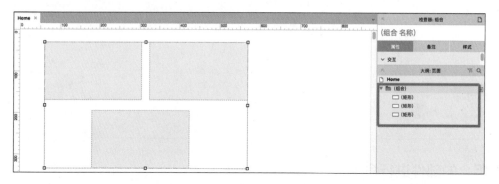

在大纲面板中组合的部件以文件夹的形式聚集，同时点击文件夹中的任何一个矩形，都可以直接选中并且以模态的方式显示页面中的对应的矩形。同时还可以设置整个组合部件在页面编辑区域的可视性。

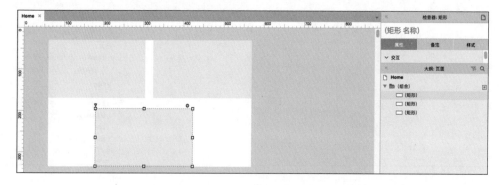

4.6 层次

在 Axure 中，后拖动到页面编辑区域的部件会显示在先拖动到页面编辑区域的部件之上。

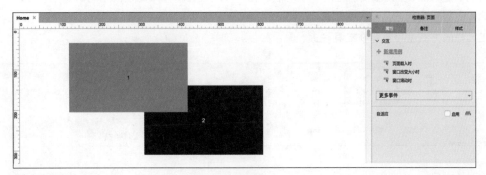

快速调整部件层次

后拖动的部件点击"返回"后，被遮挡的部件就会显示在上方，反之也可以为先拖动的部件点击"顶层"。此外，如果多个部件同时被遮挡，也可以先将几个部件组合起来，然后再点击对应的层次按钮。

STEP 01 单击工具栏上"顶层"或"返回"按钮。

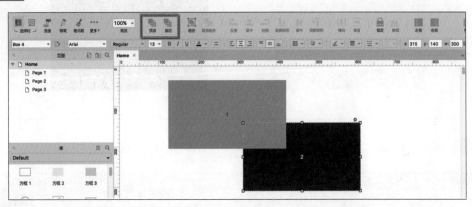

STEP 02 在概要区域，调整对应的矩形的上下顺序。

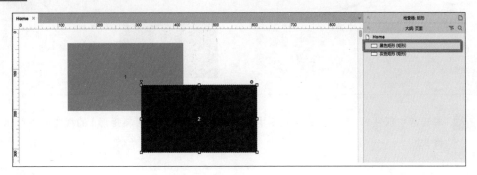

4.7 格式刷

格式刷是 Axure 中比较受欢迎的一项功能，也是一般设计软件中比较常见的功能。它可以将一个部件的视觉属性应用到另外一个部件上。不过在 Axure RP8 中格式刷被默认隐藏起来了。可以通过自定义工具栏的方式直接显示在工具栏上。

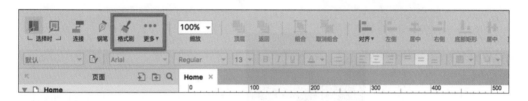

应用格式刷

我们要将部件 1 的视觉属性复制到部件 2 上。

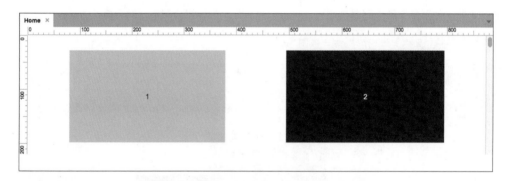

STEP 01　单击选中矩形 1，然后点击"格式刷"按钮，打开格式刷对话框。

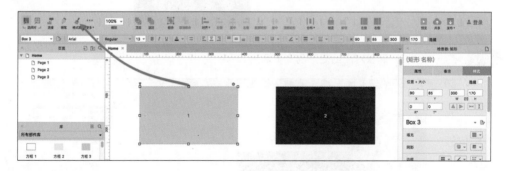

STEP 02　单击选中部件 2，然后点击格式刷中的"应用"按钮，即可将矩形 1 的视觉属性应用到部件 2 上。

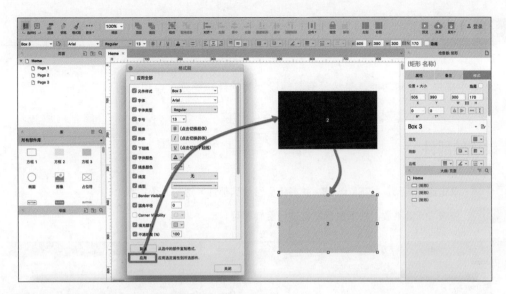

　　格式刷不仅可以直接将已有部件的样式复制到另一个部件上，而且可以直接在格式刷里面定义部件的样式，然后再应用到其他部件。

　　Axure 格式刷可以跨页面使用，不过格式刷也有其局限性，就是不能像 Office 软件一样通过双击实现连续刷。

4.8 旋转

Axure 中提供了旋转功能，虽然没有其他设计类软件功能强大，但也可以满足日常的原型设计需求。

手动旋转部件

STEP 01　单击选中矩形，按下 Ctrl 键，并将鼠标移动到部件 4 边的 8 个顶点上。

STEP 02　按着 Ctrl 键不放，按下鼠标左键进行旋转即可。

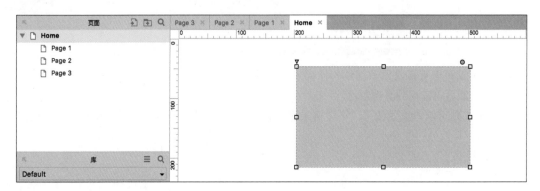

部件旋转角度值

通过直接输入数值，可以更加精准地调整部件的旋转角度。

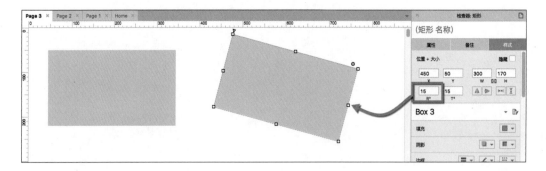

文字的旋转角度值

在整个部件角度不发生改变的情况下，让部件内的文字发生角度的旋转，如下图所示。

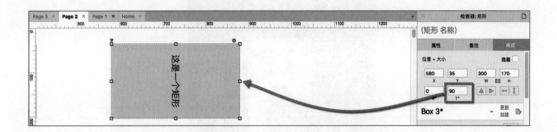

初级交互

5.1　理解交互的 3W1H 原则

Axure 制作的交互是指把静态线框图变成可点击的交互式 HTML 原型。但究竟依据何种规则来设计动态效果的解决方案是难点，不过，也不是无迹可寻。交互的 3W1H 原则可以帮我们梳理如何真正应用 Axure 制作动态交互效果。

交互的三要素

部件交互是 Axure 中最复杂的区域，一个完整的交互其实可以拆解为三个组成部分，即事件、用例和动作。这三个要素构成了一个完整的交互行为，通过这三要素，可以使制作的原型动起来。

要素	英文	说明
事件	event	每种交互绑定一个事件，如鼠标单击时、鼠标移入时
用例	case	每个事件可以有个或多个用例
动作	action	每个用例可以有一个或多个动作

事件可以包含很多用例，用例又可以包含很多动作，我们通过一张图来表达一下这三者之间的关系。

一张表解说交互的 3W1H 原则

要素	说明	对应 Axure	说明
when	什么时候发生交互动作？ 例如，浏览器中加载页面时候、用户点击一个页面以后、输入框失去焦点后、获得焦点后	事件	每种交互绑定一个事件，如单击事件

要素	说明	对应Axure	说明
where	交互在哪里发生？ 任何一个控件都可以建立交互动作，如矩形、单选、多选、按钮、下拉列表、输入框等	部件	Axure内置了多种可以执行动作的部件
how	在事件执行之间，进行条件判断。 如果——则——否则—— 例如，如果变量=1，则打开登录界面，否则打开百度	条件	执行动作进行条件判断，例如，判断输入框是否为空，如果为空则进行出错提示
what	将发生件么？ 例如，当用户点击一个按钮时，链接到另外一个页面；当用户在表单字段上失去焦点时，对输入内容进行验证，如果验证失败则显示一条出错信息	用例动作	在Axure中，把这时要发生的称为动作。动作定义了交互的结果。 每个事件可以执行一个到多个用例。每一个用例可以包含多个动作。Axure对部件可以执行的动作全部放置在用例编辑器中

Axure与3W1H原则的对应关系

when：事件

Axure 中事件有两类。

- □ 页面事件：页面加载时触发，"页面载入时"是最常用的事件。
- □ 部件事件：由用户主动触发，鼠标单击时、鼠标移入时、鼠标移出时是最常见的几种事件情况。

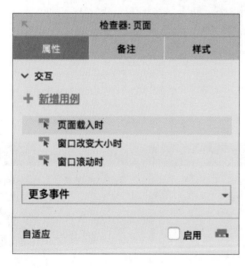
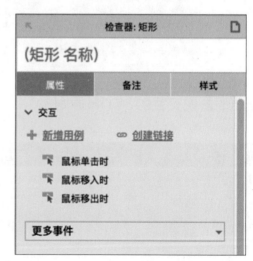

where：部件

- 部件库中任何一个部件都可以添加交互。
- RP8 版本中组合的部件也可以添加交互。
- 不同的部件拥有的交互事件不同，如文本框有获得焦点事件，而矩形部件没有焦点事件。

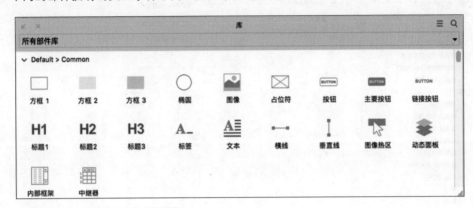

how：条件

可以通过变量和函数等条件公式进行动作执行之前的判断。例如，判断输入框值是否为空，如果为空进行出错提示。

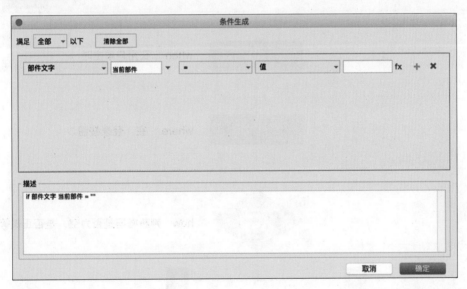

what：动作

所谓动作就是触发这个事件之后该做些什么。Axure 的动作主要分为链接、部件、动态面板、中继器等。

▌一张图解说 Axure 如何执行交互

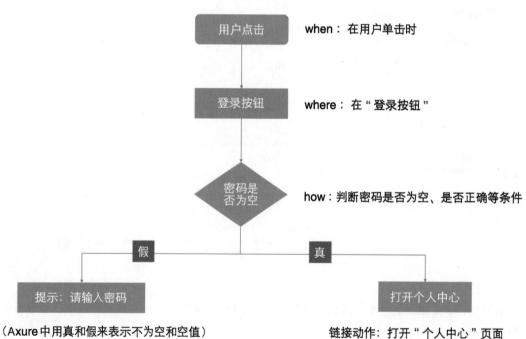

用户点击　　　　　　when：在用户单击时

登录按钮　　　　　　where：在"登录按钮"

密码是否为空　　　　how：判断密码是否为空、是否正确等条件

假　　　　　　　　　　　　　　　　　真

提示：请输入密码　　　　　　　　　　打开个人中心

（Axure中用真和假来表示不为空和空值）　　链接动作：打开"个人中心"页面

以上就是一个登录密码条件判断在 Axure 中如何执行的基本流程。因此，如果想做好交互，首先是关注用户的行为，然后设计系统如何配合与响应这些行为。在原型的附近如果能有这样的一个流程图，也能让其他人更容易理解整个交互的流程。想做到真正的高保真原型，必须先理解用户任务和流程。

5.2 添加你的第一个交互

本节将通过一个真实的案例来说明在 Axure 中如何添加一个交互。

案例描述

Chrome 浏览器默认的空白页中有曾经浏览过的网站的缩略图，单击每一个缩略图会在新窗口中打开该网站。这个案例应用的是 Axure 中最简单的单击事件，同时单击事件也是交互中最常用事件之一。

操作过程

STEP 01　使用 3W1H 原则描述整体交互。

when	where	how	what
鼠标单击时	网易云课堂缩略图（红色方框内）	无	在新窗口中打开网易云课堂（study.163.com）

这些就是我们在 5.1 节中讲到的 3W1H 原则，下面就应用这个原则简单地描述即将要做的交互。当然你不必每次都将这个表格填写出来，等到非常熟练了，这些完全可以只在心里面描述一遍。

STEP 02　绘制交互流程图。

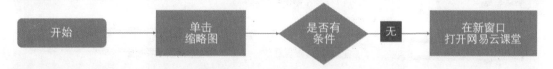

STEP 03　在 Axure 中简单绘制 Google 空白页线框图。

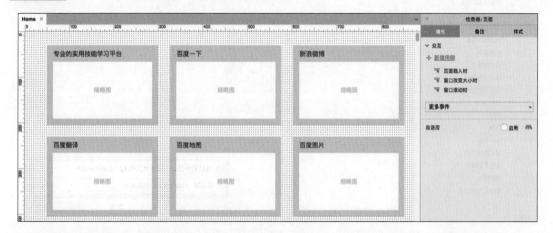

通过前面对基础部件和基础操作的学习，模仿之前的截图，快速绘制一个线框图界面。为了突出整个交互的过程，节约篇幅，这里省略了详细的线框图绘制过程。

STEP 04　单击选中网易云课堂的缩略图，然后双击事件"鼠标单击时"，打开用例编辑器。

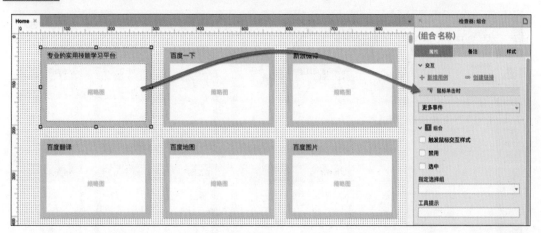

Axure RP8 中组合的部件可以直接添加交互事件，在这个案例中我们就是将多个部件组合成一个部件，然后添加鼠标单击事件。

STEP 05　在用例编辑器中添加动作。

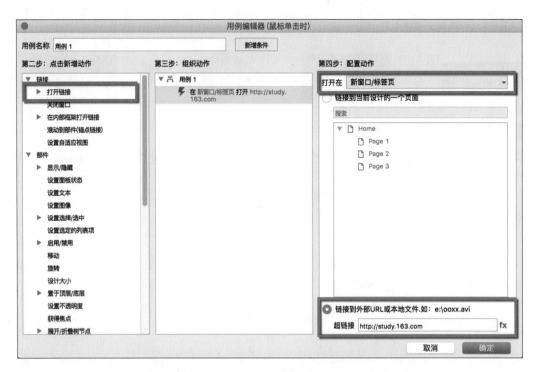

在这个用例中，我们没有修改用例的名称，你可以根据实际需要修改用例的名称，例如，这个用例可以修改为"打开网易云课堂"。

STEP 06 在浏览器中生成原型，查看效果。

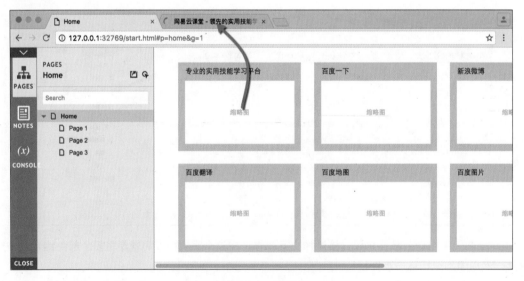

至此，在 Axure 中添加的第一个交互效果就已经完成了。

5.3 链接

链接是 Axure 中最基础的交互行为，也是网页设计中最常用的交互行为，对初学者来说，如果能够利用好链接这一功能，也能做出非常不错的产品原型。

链接的4种打开方式

打开方式	说明
当前窗口	在当前窗口中打开链接是常用的链接打开方式之一。打开链接选项默认是收起来的，可以点击展开，选择对应的链接类型，也可以在图中的红色框内进行链接类型的选择
新窗口/标签页	在使用很多导航类型的网站时，点击上面的链接基本上都是在新窗口或者标签页中打开，很多浏览器默认也是以标签页的方式打开页面
弹出窗口	弹出窗口是浏览器当前页面中以弹出窗的方式打开链接
父窗口	目前应用最少的一种链接打开方式。如果要实现在父窗口中打开一个链接，首先要在当前页面制作一个弹出窗口，然后在弹出窗口中加上一个链接，链接类型为父窗口，这样就可以实现在父窗口中打开链接

关闭窗口

给部件添加关闭当前窗口动作后，会直接关闭当前的浏览器窗口。

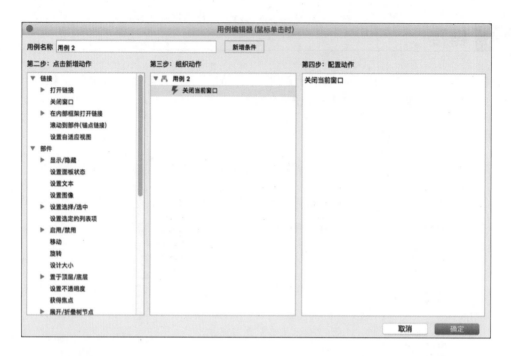

给单个文本添加链接

前面说的链接打开方式都是针对整个部件的，如果要给某个部件中的单个文本添加链接，就需要用到超链接技术，在早期版本的部件库中有默认的超链接部件。其实文本部件和超链接两者没有本质区别，设置文本部件为蓝色并加上下划线，即变成了超链接。

STEP 01 双击编辑部件中的文本，并选择一部分文本。

STEP 02 在部件属性面板中单击链接图标，打开"链接属性"对话框，设置对应的链接地址。

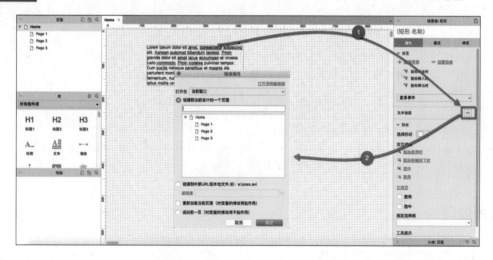

STEP 03 单击"确定"，完成给文本添加链接。

▌工具提示

一般将鼠标浮动到一个链接上，往往会显示对应的文字提示。当一个图标或一个文字不足以明确表达背后的含义时，很多时候会增加一些帮助性提示，比如鼠标悬停在图标和文字上时出现对应的提示信息，来帮我们快速理解。

STEP 01 拖动一个部件到页面编辑区域，点击部件属性。

STEP 02 在"工具提示"中输入提示内容，如"相交选择（Ctrl+1）"。

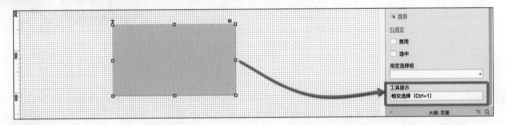

STEP 03 生成原型，在浏览器中预览效果，鼠标浮动到部件上停留几秒钟。

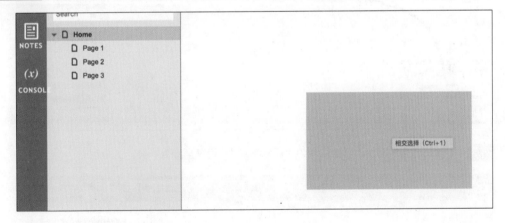

5.4 滚动到锚点

我们看到很多网站尾部都有回到顶部的功能，这个功能就是通过滚动到锚点功能实现的。下面我们通过一个案例看一下如何实现。

案例描述

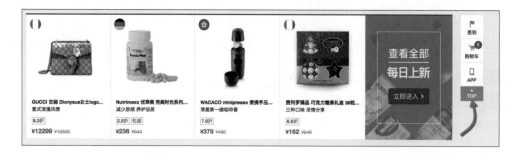

操作过程

STEP 01　拖动一个图像热区到页面编辑区域，设置坐标为 (100，0)，并命名为"顶部"。

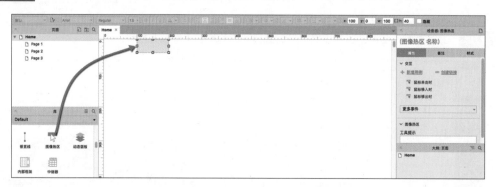

STEP 02　拖动一个文本部件，修改内容为"回到顶部"，设置坐标为 (100，2000)。

这里需要注意，"回到顶部"按钮必须超过一屏的高度，才会出现滚动的效果。

STEP 03 单击选中文本部件，然后双击"鼠标单击时"，打开用例编辑器，如下图进行设置。

Axure RP8 中不是必须用图像热区才可以设置滚动锚点，也可直接将某个部件看作锚点，滚动到对应的部件。

STEP 04 生成原型，在浏览器中查看效果，完成制作。

思考：同理可以思考如何实现类似下面的滚动菜单。

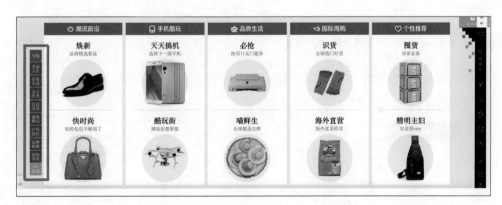

提示：左侧有多个可以点击的区域，每点击一个小图标，自动滚动到对应的楼层区域，每个楼层都拖动一个图像热区，放置对应位置，点击滚动到对应的楼层热区。你可以试试。

5.5 显示与隐藏

Axure RP8 将原来只属于动态面板的显示与隐藏功能扩展到了全部部件。本节进入部件动作的详解部分，为了简单明了地理解每个动作，在本节及后面的几节中我们会针对每一个知识点给出具体的案例，然后通过 Axure 实现它。

显示与隐藏

案例描述

在很多网站都有类似的弹窗，你可以填写相关的信息进行报名，也可以直接点击"×"后关闭面板。要想在 Axure 中实现这种效果，就需要用到显示与隐藏功能。

操作过程

STEP 01 在页面编辑区域快速绘制一个如下线框图。

STEP 02 将报名面板进行组合，并命名为"报名弹出窗口"，然后将其隐藏。

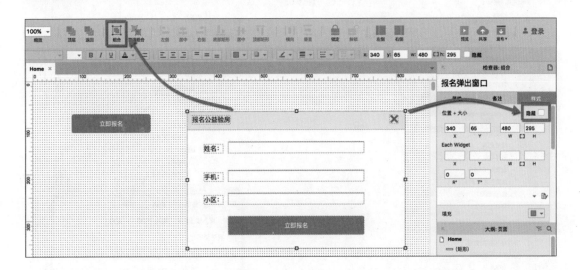

在早期 Axure 版本中因为不能对组合的部件添加交互，所以一般需要将整个报名面板先转换为动态面板，然后再隐藏动态面板。Axure RP8 中既可以选择转换为面板也可以整体组合后再添加隐藏交互。

STEP 03 单击选中"立即报名"按钮，双击事件"鼠标单击时"，打开用例编辑器。

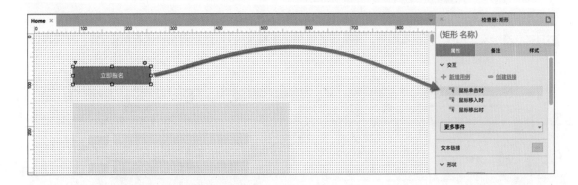

在上图中可以看到被隐藏的部件以淡黄色显示。在页面元素非常多的情况下，可以点击大纲面板中的可见性选项将其从页面视图中隐藏。

STEP 04 设置显示报名弹出窗口。

可以在第 2 步中先将未命名的部件隐藏，这样可以快速找到要添加交互的部件，这也就是在添加交互之前一定要对部件进行命名的原因。在此还可以设置对应的弹出动画和效果。

STEP 05 预览原型，在浏览器中查看显示效果。

这时候我们发现，可以显示出面板，但却无法将其关闭，所以接下来要给关闭按钮添加隐藏事件。

STEP 06 双击被隐藏的报名面板，并单击选中关闭图标（×），然后双击"鼠标单击时"，打开用例编辑器。

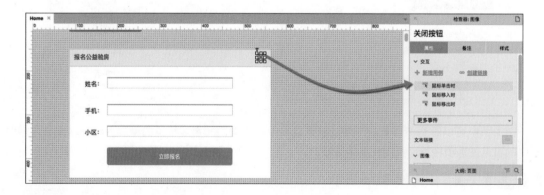

STEP 07 设置隐藏报名弹出窗口。

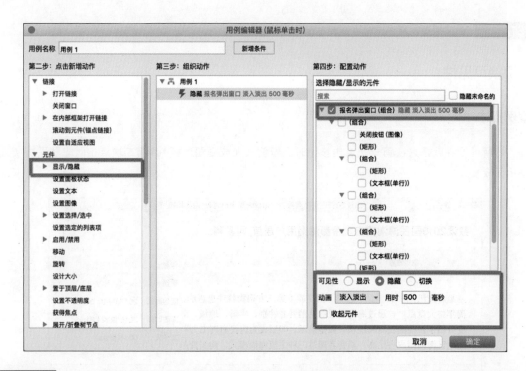

STEP 08 复制关闭按钮动作，然后单击选中面板中的"立即报名"按钮，在单击事件中选择"粘贴"。

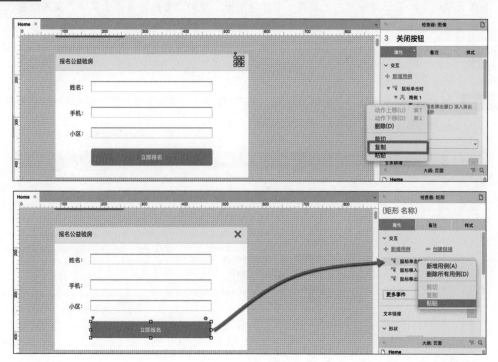

STEP 09 生成原型，在浏览器中查看显示 / 隐藏效果。

▋切换可见性

案例描述

切换可见性就是只在第一次点击按钮时显示面板（或隐藏面板），第二次点击时隐藏面板（或显示面板）。

有道云笔记中的笔记详情的右上角有一个详情图标，浮动上去会显示提示文字"文本信息"，点击后会展现该笔记的详情信息，如来源、作者等，再次点击后详情消失。

操作过程

STEP 01 拖动一个详情图标到页面编辑区域，将笔记详情面板截图放置到页面编辑区域，调整对应位置。

STEP 02 分别命名为"详情图标"和"详情面板"。

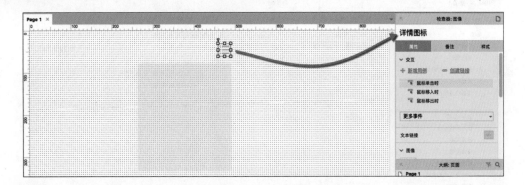

STEP 03 选中"详情面板",点击工具栏"隐藏"按钮,将其隐藏。

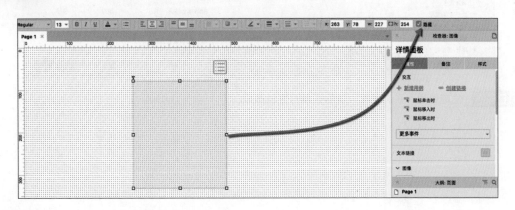

STEP 04 单击选择"详情图标",设置"工具提示"内容为"笔记信息"。

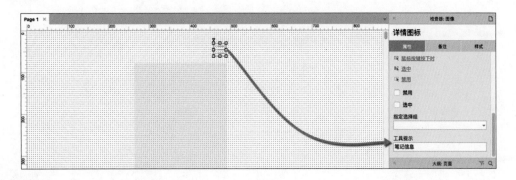

STEP 05 单击选择"详情图标",双击事件"鼠标单击时",设置动作为切换可见性。

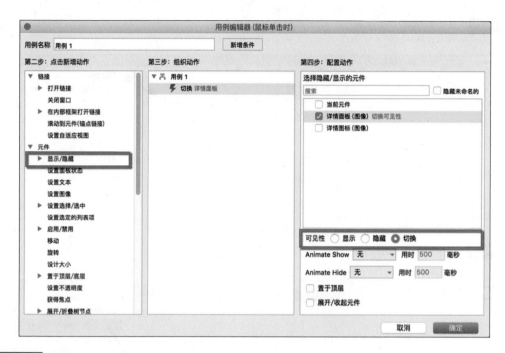

生成原型，在浏览器中查看切换可见性效果。

5.6 设置面板状态

动态面板本质上可以理解为一个容器，这个容器包含了多个层（状态），通过部件的交互或条件判断显示不同的状态。每个状态都可以包含不同的内容。

两个状态切换

案例描述

淘宝，未登录前

淘宝，登录之后

类似淘宝等需要账号登录型网站，很多都是网站顶部放置一个登录和注册入口，一旦登录之后就会显示对应的用户名等信息。这其实可以看作是动态面板的两个状态，通过登录和退出两个按钮进行状态的切换。

操作过程

STEP 01 在 Axure 中快速绘制登录前和登录后的两个状态线框图。

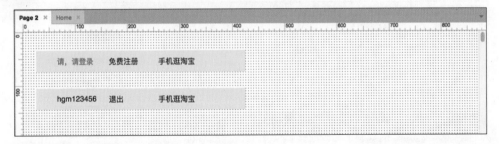

前面我们说过，动态面板本身是一个容器，包含了多个状态，这里就将登录前和登录后分别看作两个状态。为了看得更明白，我们先将两个状态的内容制作出来，然后再将其放到容器里面去。

STEP 02 拖动一个动态面板到页面编辑区域，并添加两个状态，分别命名为"登录前"和"登录后"。

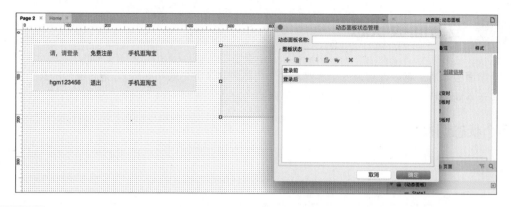

STEP 03 单击"编辑全部状态"按钮，打开刚添加的两个状态。

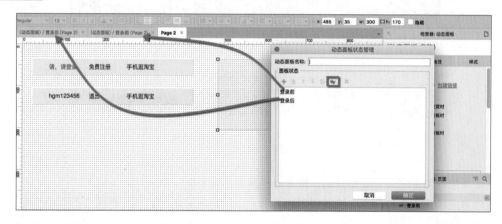

这里的小技巧就是，如果要编辑多个状态可以点击"编辑全部状态"按钮，这样就会批量打开全部已经添加的状态。如果只需要编辑某一个状态层，只需要双击该状态名称即可。

STEP 04 将之前制作的两个线框图部件剪切并粘贴到对应的状态内。

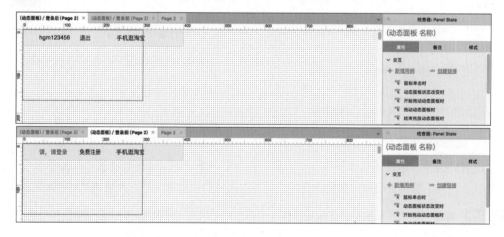

回到 Home 页面发现动态面板并没有把全部的部件内容显示出来，在状态层内我们发现每个状态都有一个蓝色的框线，这个框线表示的就是动态面板的内容范围，只有框线内部的才会被显示出来。这里有两种解决方案。

解决方案 1：直接调整动态面板尺寸，使动态面板的尺寸和要显示的部件内容匹配。

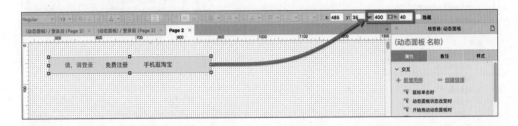

解决方案 2：选中动态面板，单击鼠标右键，选择"调整大小适合内容"。

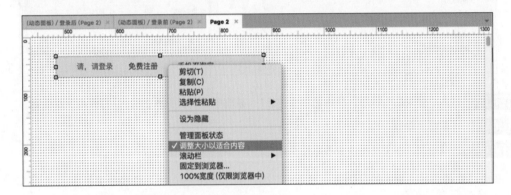

同时，动态面板默认显示动态面板编辑器中排在第一个的状态内容，如果想让其他状态内容显示出来，可以拖动，调整状态之间的位置。

STEP 05　进入"登录前"状态，单击选中"亲，请登录"，双击事件"鼠标单击时"，打开用例编辑器。

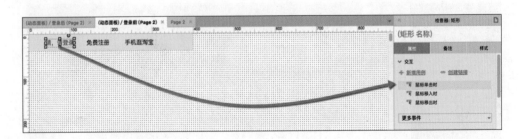

STEP 06　设置切换动态面板状态到"登录后"。

STEP 07 进入"登录后"状态,单击选中"退出",双击事件"鼠标单击时",打开用例编辑器。

STEP 08 设置切换动态面板状态到"登录前"。

STEP 09 生成原型,在浏览器中查看原型。

思考:在两个状态切换的基础上,思考一下如何制作选项卡(Tab)切换效果。

幻灯片切换效果

案例描述

互联网网站最常见的广告位类型就是幻灯片了，在打开页面后从第一个到最后一个自动地切换幻灯片内容。这里其实还是可以看作动态面板的多个状态的切换，只是这里切换的触发条件改变了——自动开始切换状态。当然多数幻灯片设计会结合手动点击切换，这里我们只介绍自动播放效果。

操作过程

STEP 01 拖动一个动态面板到页面编辑区域，点击添加三个状态。

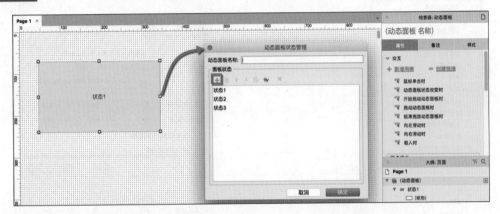

这次练习的是新建动态面板和新增状态，然后再在不同的状态中添加内容。

STEP 02 分别在三个状态中放置三个不同的内容。

STEP 03 回到放置动态面板的页面中，单击页面空白区域，双击事件"页面载入时"。

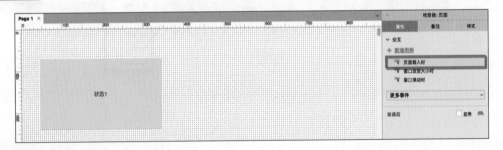

STEP 04 设置切换动态面板状态。

Axure RP8 在面板切换状态时，新增了翻转的动画效果，并且可以选择对应的翻转方向。

STEP 05 生成原型，在浏览器中查看原型。

这个案例和前面一个案例的区别在于，不是设置切换到某一个具体的状态，而是通过页面的载入事件切换到 Next 状态。这里的核心是要勾选循环的方式和循环间隔的时间，这两项都必须勾选，如果不勾选将无法实现自动循环播放。同时，可以设置对应的循环状态的动画效果。

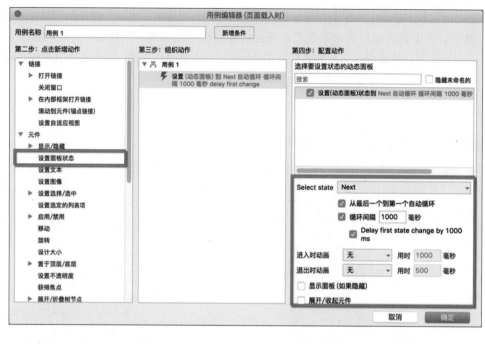

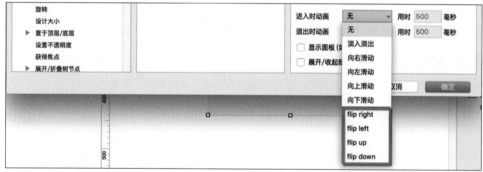

5.7 设置文本

通过交互动作给部件赋值。Axure 中可以通过值、变量、长度等方式给部件赋值。

▌赋值

案例描述

单击矩形时，设置单击后矩形的部件文字内容为"通过点击给部件进行赋值"。这里利用的就是设置文本的功能，通过鼠标单击事件对矩形进行赋值。

操作过程

STEP 01　拖动一个矩形到页面编辑区域，单击选中，双击事件"鼠标单击时"，打开用例编辑器。

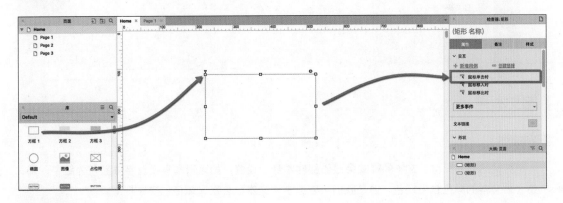

STEP 02　设置文本。

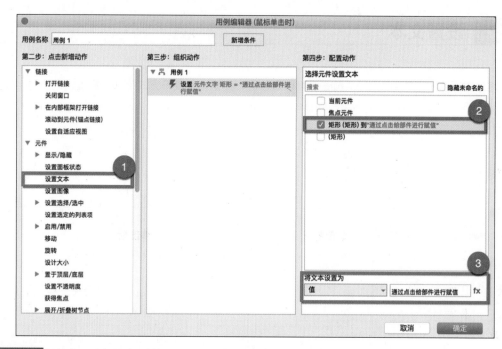

STEP 03 生成原型，在浏览器中点击原型，查看赋值结果。

富文本

案例描述

单纯地给部件赋值，文本的样式会跟随部件本身的设置，如矩形本身设置字体颜色为红色，那么单击之后文本的颜色也为红色。但是我们可以选中富文本，自定义赋值的文本样式。

操作过程

STEP 01 在赋值类型中，选中"富文本"类型，并单击"编辑文字"。

STEP 02 设置对应的文本内容和文本样式。

变量值

通过交互事件可以直接获取全局变量的值。

变量值长度

获取变量值的字符串长度，如变量值为 1234，那么变量值的长度为 4。

部件值长度

获取部件值的字符串长度，如部件文字为"这是一个矩形"，那么部件值长度为 6。

选中项值

获取下拉选项的值，如下拉选项为"北京"，那么对应获取的文本值为"北京"。

选中状态值

获取部件的选中状态，值为 false 或 true。

焦点部件上的文字

直接获取文本框等焦点的部件上的文字内容，如通过文本框输入文字，然后将文本框的值赋给其他部件。

▌元件文字

案例描述

为了提高表单的易用性，特别是一些涉及金融方面的系统，往往会增加生僻字库的功能，帮助用户输入不认识的字。如果使用 Axure 实现，涉及两种部件，即一个文本框和多个标签部件，通过单击每个不同的标签部件将值赋给文本框。

操作过程

STEP 01 在页面编辑区域制作如下线框图。

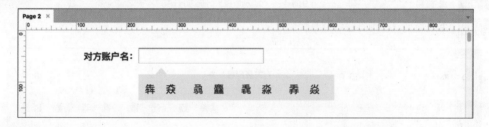

STEP 02 单击选中第一个汉字"犇"，双击事件"鼠标单击时"，打开用例编辑器。

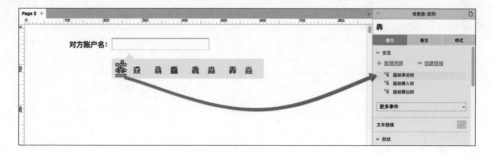

STEP 03 设置文本。

　　记住一点，这里是通过单击汉字"犇"，将"犇"值传递到文本框内。在选择赋值类型为"元件文字"后，后面的部件选择直接默认为"当前元件"，不需要修改。

STEP 04 复制第一个汉字"犇"的交互事件，分别粘贴到后面几个汉字之上。

STEP 05 生成原型，在浏览器中查看赋值结果。

5.8 设置图像

在第 2 章中我们已经详细介绍了图像部件的各种功能和操作。在本节中我们重点介绍的是图像的交互事件。

图像的交互样式

在 Axure 中交互样式是部件对鼠标事件的视觉反馈。常见的交互样式有鼠标悬停时、鼠标按键按下时、选中和禁用样式。

- 鼠标悬停时：鼠标悬停在部件上显示的图像。
- 鼠标按键按下时：鼠标左键按下时显示的图像。
- 选中：部件在选中状态下显示的图像。
- 禁用：部件在禁用状态下显示的图像。

设置图像

设置图像与图像本身的交互样式类似，唯一不同的是设置图像必须通过某个交互事件触发，才会显示对应的默认、鼠标悬停时、鼠标按键按下时、选中和禁用图片效果。如果导入的图像过大，会提示进行优化。

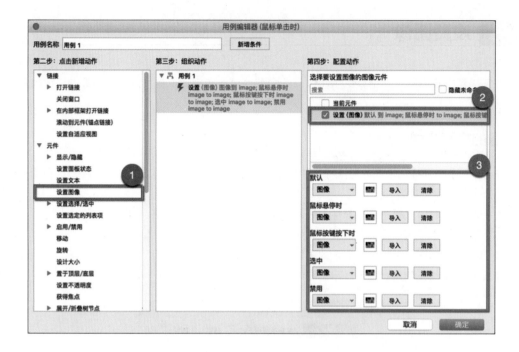

5.9 设置选择与选中

部件的选择与选中状态切换，采用的还是部件本身的交互样式的变化。和设置图像类似，这里的交互样式必须通过交互动作才会被触发。

▍筛选条件的切换选中

案例描述

类似爱奇艺等网站，遇到需要对多个维度条件进行筛选的时候，往往会将维度全部展现出来，点击每个不同的条件进行筛选，当某个选项被点击之后，呈现选中状态，其他条件呈现未选中状态。在 Axure 中实现这种效果只需要通过单击事件设置部件的选中状态，同时设置条件判断逻辑。属于同一个条件类型的只有一个可以被选中。

操作过程

STEP 01　在 Axure 中，快速制作一个电影筛选条件列表。

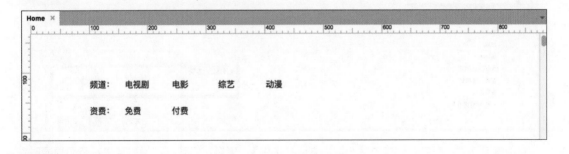

STEP 02　设置部件的"选中"状态下的交互样式，如下图所示。

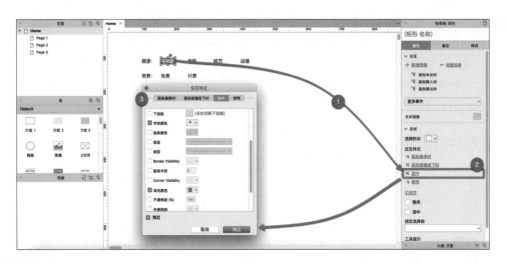

STEP 03 使用同样的步骤设置其他几个部件的选中样式。

STEP 04 单击选中"电视剧",双击"鼠标单击时",打开用例编辑器。

STEP 05 设置选择/选中。

这里需要注意,在电视剧选中状态值为真时(选中),电影、综艺、动漫的选中状态必须同时设置为假(不选中),要不然会出现同时选中的效果。

STEP 06 生成原型,在浏览器中查看效果。

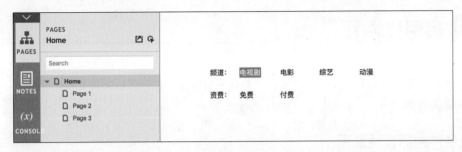

这里我们发现被选中的状态的上下左右边缘和文字太接近，显得很拥挤，可以设置文字的上下左右边距来进行调整，我们将上下左右全部设置为 5 即可。

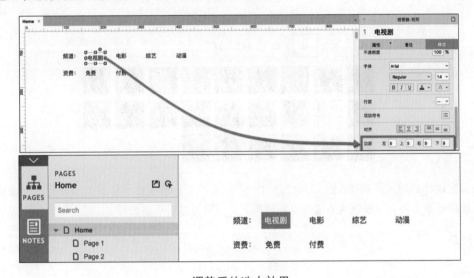

调整后的选中效果

思考：针对选中效果，我们还可以练习一下淘宝的商品的颜色和尺寸的选择，留作练习。

提示：在实际练习过程中，不必 100% 实现其效果，如在这个案例中右下角的对号小图标就不是特别容易实现，只设置其选中的边框效果即可。

5.10 启用与禁用

部件在一般情况下都是启用的，但也有少数情况会被禁用。一旦被禁用就不会被点中，一切事件对其都是无效的。

根据条件判断设置禁用

案例描述

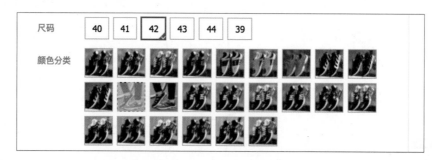

在淘宝购物的时候，往往在选择某个尺寸时，对应的颜色选项由于缺货无法进行点击选择。这时候也就相当于将部分代表颜色的部件进行禁用了，不可以进行点击选择。

操作过程

STEP 01 描述交互事件。

when	where	how	what
鼠标单击时	尺寸：40	无	设置黑色不可点击，颜色为灰色
鼠标单击时	尺寸：41	无	设置黑色可以点击

STEP 02 在 Axure 中快速模仿制作一个类似的尺寸和颜色选择线框图。

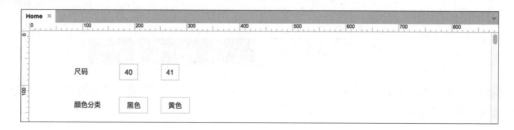

STEP 03 分别设置尺码的选中状态，如下图所示。

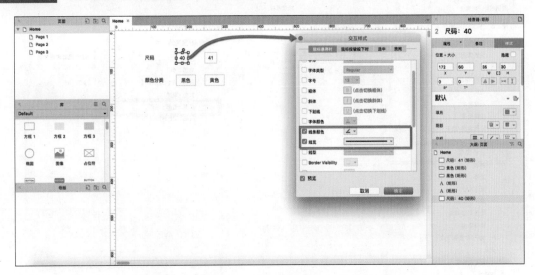

这里必须设置尺码的选中样式，这样在点击的时候才能看到点击的效果。

STEP 04 设置颜色部件的禁用样式，将样式设置为灰色，从视觉上表示不可以选择。

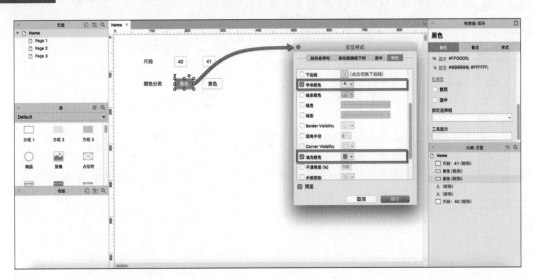

如果不可以被点击或者操作，那么从视觉上就要显示为不可以进行操作。一般不可以被操作的视觉状态为灰色。

STEP 05 单击选择尺码"40"，双击事件"鼠标单击时"，打开用例编辑器。

STEP 06 设置单击时，尺码 40 的选中状态为真，同时黑色被禁用。

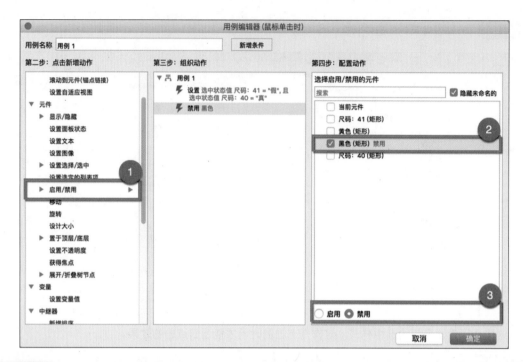

STEP 07 按同样的步骤，设置单击尺码 41 时，黑色状态为启用。

STEP 08 生成原型，在浏览器中查看启用与禁用效果。

5.11 移动

Axure 页面编辑区域中所有被使用的部件都有一个唯一的坐标位置，可以通过交互事件的触发移动部件来改变坐标位置。Axure 中对于位置的移动有两种类型：绝对位置移动和相对位置移动。

绝对位置移动

绝对位置移动是指以页面左上角为坐标原点，移动部件到某个固定的坐标 (X, Y) 位置。只能点击一次，点击第二次后不再进行移动。

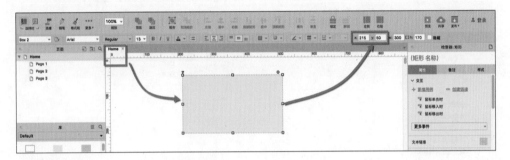

相对位置移动

相对位置移动是部件从当前位置向 X 轴或 Y 轴方向移动指定像素的距离。添加相对位置移动之后可以点击多次，每次都按照同一个方向移动相同的距离。

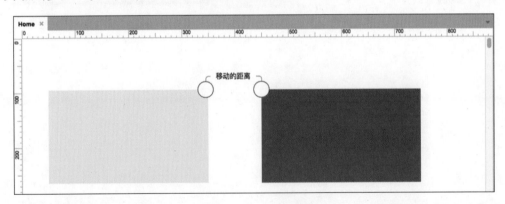

未移动之前的矩形坐标是 (50，95)，要向右移动 400 像素，那么以灰色矩形的左上角为坐标原点，直接将 X 轴坐标加上 400 像素即是移动后的坐标，Y 轴没有发生移动，所以不变，那么被移动之后的矩形坐标为 (450，95)。

另外，需要注意移动距离的方向，向右移动则 X 值设置为正数，向左移动则 X 值设置为负数；向下移动则 Y 值设置为正数，向上移动则 Y 值设置为负数。一定要分清正负才可以移动到对应的坐标位置。

▌多个部件一起移动

在 Axure 的早期版本中，如果要移动多个部件就必须将其放到一个动态面板中，然后对动态面板添加移动交互。在 Axure RP8 中可以先将多个部件进行组合，再直接移动被组合的内容。移动的距离可以是相对的也可以是绝对的。多个部件的移动和单个部件移动没有任何区别。

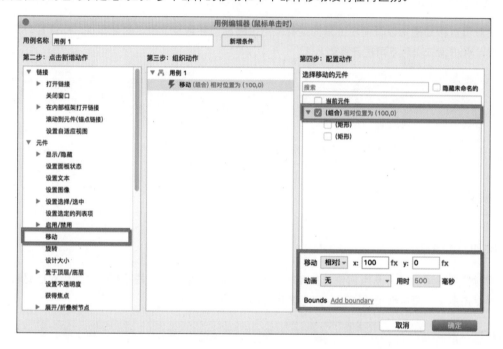

5.12 旋转

Axure RP8 新增了部件旋转动作，这个功能大大增强了 Axure 的动画效果。

案例描述

本节我们来根据 Axure 官方给出的旋转动画看一下如何具体应用旋转动作，实现点击播放按钮，右侧的黄色矩形会向右以旋转的效果移动一段距离后隐藏。

操作过程

STEP 01　在 Axure 中绘制一个播放按钮和一个黄色矩形。

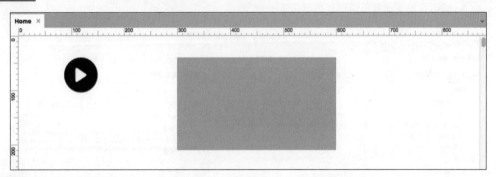

STEP 02　单击选择播放按钮，双击事件"鼠标单击时"，打开用例编辑器。

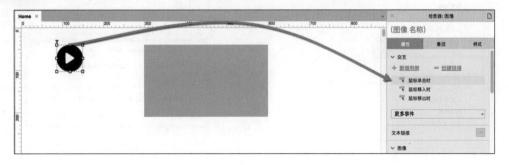

STEP 03 设置移动黄色矩形到相对位置 (400，0)。

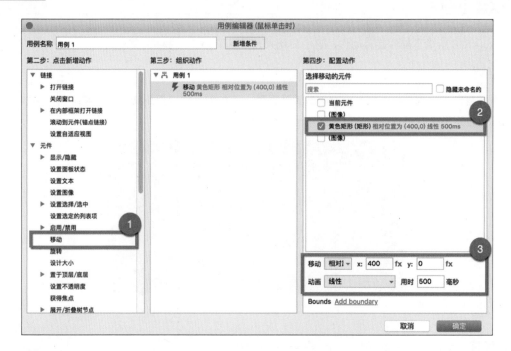

STEP 04 同时设置旋转黄色矩形到绝对角度 360°。

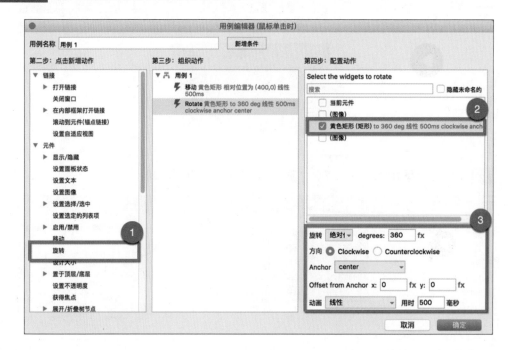

与旋转相关的参数说明如下。

类型	值	说明
旋转角度	绝对位置为	以水平的 0° 为开始计，旋转 360° 后会转为水平状态
	相对位置为	以当前图形角度为开始计，旋转 360° 后会保持图形原来的倾斜角度。同样的时间内，旋转角度值设置的越大，转的速度会越快
旋转方向	Clockwise	顺时针方向
	Counterclockwise	逆时针方向

STEP 05 旋转动作完成之后，设置一个等待时间，然后隐藏黄色矩形。

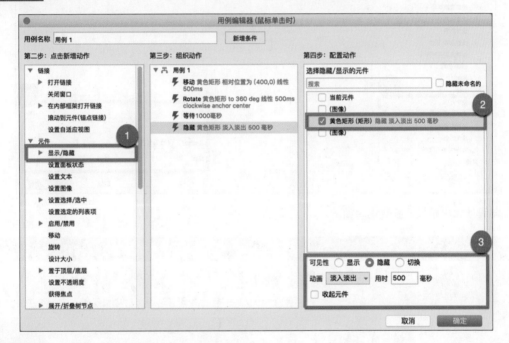

STEP 06 生成原型，在浏览器中查看旋转效果。

5.13 设计大小

Axure RP8 新增了部件"设计大小"动作，通过交互可以改变一个部件的尺寸。

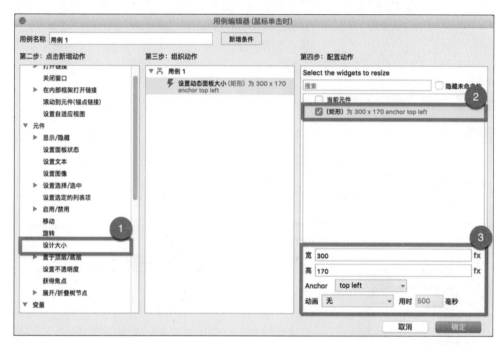

与设计大小相关的参数说明如下。

类型	值	说明
尺寸	宽	部件被放大/缩小后的宽度，可以通过变量函数获取一个变化的值
	高	部件被放大/缩小后的高度，可以通过变量函数获取一个变化的值
Anchor	top left top	设置部件以哪一个点为固定点进行放大/缩小
	……	

5.14 获得焦点

"获得焦点"动作一般都是应用在文本框等输入表单中，最常用的就是在页面载入时获得焦点，同时通过焦点的获取联动一些其他部件，如显示手机键盘。

案例描述

微信聊天界面

微信搜索界面

点击微信聊天界面的"搜索"图标，在打开的微信搜索界面中搜索栏自动获取焦点，并且自动弹出键盘。

操作过程

STEP 01 在 Axure 中快速制作一个类似的线框图原型。

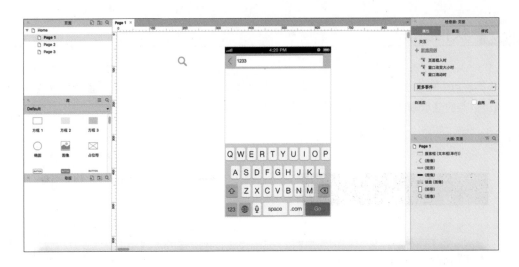

STEP 02 单击选中键盘部件，隐藏键盘部件。

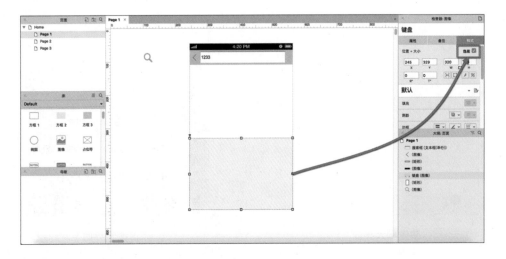

在 Axure RP7 之前必须将其转换为动态面板后才可以进行隐藏。Axure RP7 版本后一切部件都可以进行隐藏并设置交互进行显示。

STEP 03 单击选中搜索图标，双击事件"鼠标单击时"，打开用例编辑器。

STEP 04 设置搜索框获得焦点。

注：Select text in text field or text area 表示在获得焦点的同时选中文本框内的文字内容。

在给部件添加交互时，第一要做的就是必须给部件命名。如果页面中部件数量非常多，并且大部分是不需要添加交互也没有命名的，为了快速找到需要添加交互的部件，可以勾选"隐藏未命名的"。

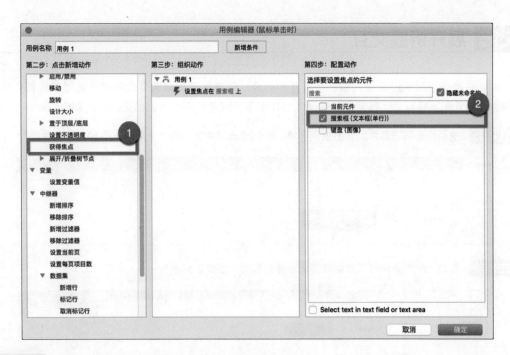

STEP 05 设置显示键盘，并设置动画为"向上滑动"。

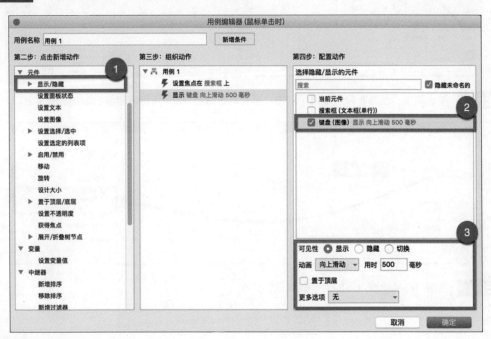

STEP 06 生成原型，在浏览器中查看获取焦点效果。

5.15 展开折叠交互

树部件本身可以通过直接点击进行展开和折叠，这里展开折叠树节点主要是通过其他部件控制树部件的展开和折叠行为。最常见的就是我们在很多组织架构图中看到的全部收起和全部展开效果。

STEP 01 拖动两个按钮部件到页面编辑区域，分别修改部件文字为"全部展开"和"全部收起"。

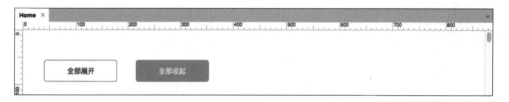

STEP 02 拖动一个树部件到页面编辑区域，并命名为"组织架构图"。

STEP 03 单击选中"全部收起"按钮，双击"事件单击时"，打开用例编辑器，添加折叠交互。

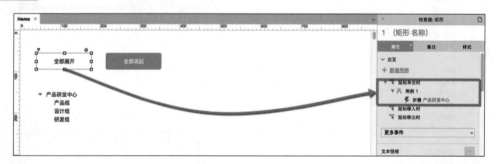

STEP 04 按照同样的步骤，添加"全部展开"交互。

CHAPTER

6

高级交互

如果（if）……条件满足，则（then）执行……事件，否则（else if）……条件不满足，则（then）执行……事件"。例如，"如果今天下雨，就（则）睡觉，要不然（否则）我们就去超市购物。"类似于上面这样的情景，无时无刻不在上演，正如你所想的那样，这就是一个最简单的条件判断逻辑

淘宝登录界面的条件判断

利用条件判断逻辑，可以使用 Axure 制作很多复杂的交互效果。例如，上图中淘宝登录界面的各种条件判断，我们在 Axure 中也可以通过条件生成器——进行定义，然后显示不同的提示文字内容。

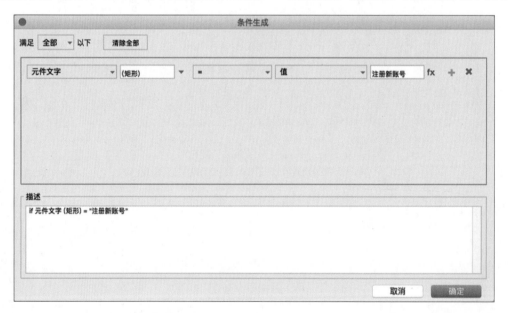

条件生成器

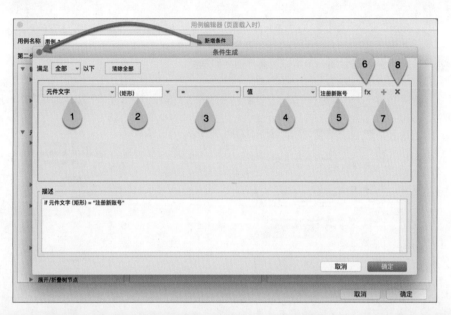

数字	说明
1	判断的类型，如判断控制的"值""部件值长度"。例如，密码输入的时候，会判断输入的部件的文字长度是否大于6个字符
2	选择对应控制。在添加条件之前，先要对控件进行命名
3	数学运算符，如等于、不等于、大于、小于等
4	判断类型，会根据1中的选择类型，对应进行改变
5	选择对应控件或者对应值
6	插入变量或函数
7	再添加一个条件表达式
8	删除该行条件表达式

所有的条件判断都要转化为一个条件表达式来执行。上面的条件表达式可以简化为一句话："控件的某个属性值""对比""另外一个属性值"，然后再执行某个动作。

根据文本框状态，显示对应提示文字

下面以淘宝的登录界面的条件判断为例，我们实际通过 Axure 来制作一个条件判断案例。

STEP 01 使用 3W1H 原则描述整体交互。

when	where	how	what
鼠标单击时	登录按钮	用户名＝空	显示提示文字：请输入用户名
		用户名 ≠ Axure	显示提示文字：请输入正确用户名

STEP 02 在 Axure 中快速绘制一个类似登录界面的线框图。

STEP 03 拖动一个标签部件到账户输入框后面，命名为"提示文字"，然后将其隐藏。

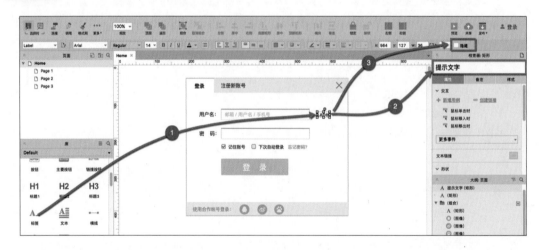

　　这里利用了 Axure 的一项新特性。所有部件都可以隐藏，我们将先前拖动的文本部件隐藏，然后再根据条件判断设置对应显示的文本值，另外，如果想显示的文本内容有更多样式，可以选择富文本，然后设置显示的文本样式，同时提示文字中还可以插入变量动态显示提示内容。

STEP 04 击选中"登录"按钮，然后双击事件"鼠标单击时"，打开用例编辑器。

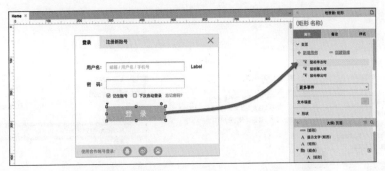

STEP 05 单击"新增条件"，打开条件生成器，设置条件：如果用户名为空。

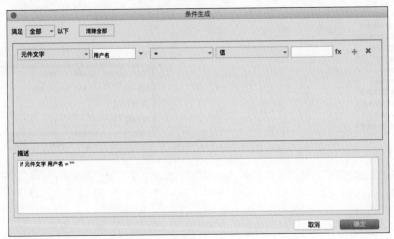

最后一项值留空，表示用户名为空时的条件。

STEP 06 在用例编辑器中，当用户名为空时，设置"提示文字"部件的文本内容。

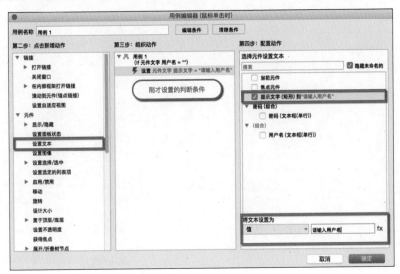

STEP 07 设置显示"提示文字"部件。

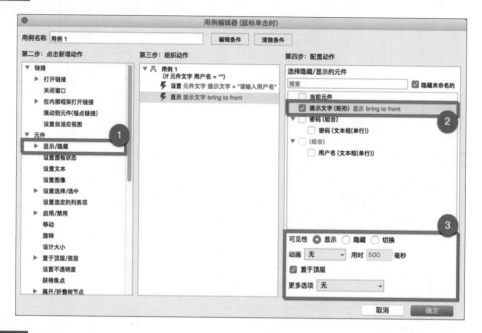

STEP 08 按照上述步骤，设置"用户名 ≠ Axure"时"提示文字"部件的文本内容和显示状态。

6.2 交互设计表格应用

在做登录界面的整体交互的时候，常常要考虑到各种条件和情况。

☐ 账户名为空，密码为空，如何进行提示。

☐ 账户名为错，密码为空，如何进行提示。

☐ 账户名不存在，密码为空，如何进行提示。

☐ ………

作为交互设计师，你是不是经常会困惑是不是考虑清楚了全部的条件判断状态，是不是在写需求文档的时候写了一堆没用人看的文字，然后还需要一点点去解释。有没有办法做一个条件逻辑清晰的产品？答案是有。

下面我介绍一位网友发明的交互表格法[1]，以登录界面为例，通过表格的方法列举出各种交互情况。

	默认显示	鼠标点击	输入内容	点击登录			
账户名	邮箱/用户名/手机号	获取焦点，提示文字消失	超过16个字符后，不能再输入内容	为空	为空	有值	有值
密码	为空	获取焦点	输入内容遮罩	为空	有值	为空	有值
状态提示	无			请输入用户名	请输入用户名	情况1：账户名：有值错误/异常 提示：该账户名不存在 情况2：账户名：有值正确 提示：请输入密码	情况1：账户名：错误 密码：错误 提示：该账户名不存在 情况2：账户名：正确 密码：错误 提示：密码错误名 情况3：账户名：正确 密码：正确 动作：打开个人中心

除了使用表格罗列所有的交互情况，还可以使用写交互说明的方式，在 Axure 中将所有的交互情况通过线框图的方式一一绘制出来。

---

1 引自小郑老师博文，略有调整。

一个交互表格罗列实例

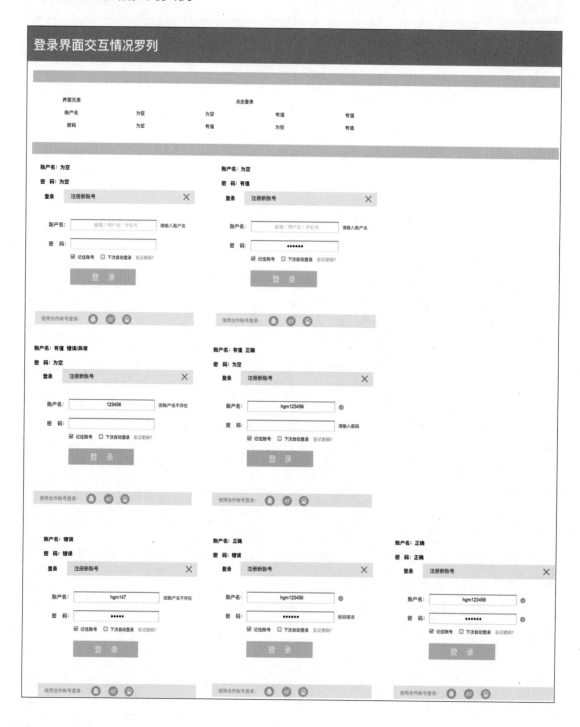

6.3 变量概述

变量来源于数学，在计算机语言中能存储计算结果或表示值。变量可以保存程序运行时用户输入的数据以及将特定运算结果显示或者传递出去。

Axure 中也有变量的概念，变量是一个变化的值，通过交互动作被赋予一定的值或者直接获取其他的输入值，再根据获取的值进行相关的条件判断。总之，有了变量，整个原型可以做得更加高保真。

变量的类型

Axure 中变量有两种类型，即全局变量和局部变量，类型不同决定了变量作用范围不同。

全局变量只需要设置一次就可以在整个原型中使用，无论是当前页面还是跨页使用。Axure 中内置了一个全局变量 OnLoadVariable。同样你也可以根据自己的需要添加相应的全局变量。

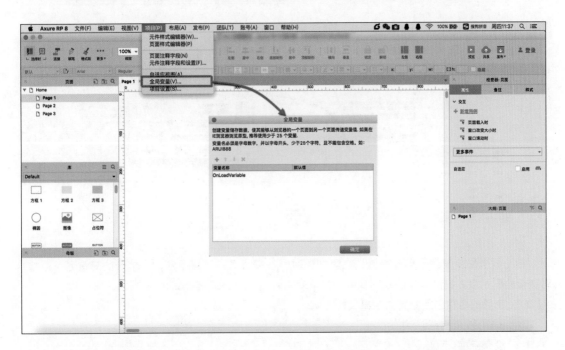

局部变量只对当前使用该变量的动作有效，在其他区域即使是同名的变量也是无效的。

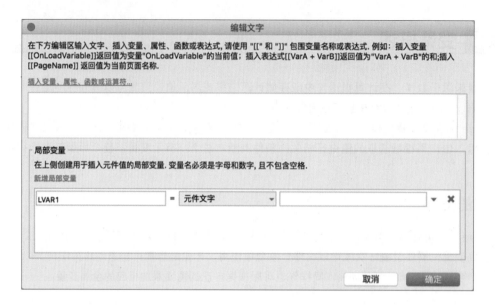

变量的命名规则

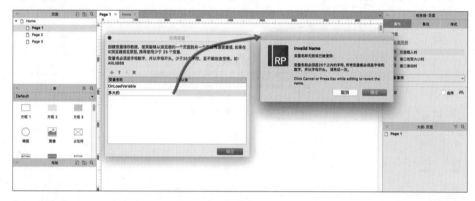

无论是全局变量还是局部变量，在添加的时候都需要对其重新命名。一个好的变量名可以增加对变量的识别度，提高原型的绘制效率。对于变量命名，Axure 有自己的一套规则。

- ❑ 变量的名称必须由英文字母和数字组成。
- ❑ 少于 25 个字符。
- ❑ 没有空格。
- ❑ 无论是给部件命名还是给变量命名，都提倡根据其实际代表的含义进行命名，如登录按钮、denglu，这样，在给部件和变量添加交互的时候，也便于识别。

创建和设置变量的值

变量的名称不会改变，但变量的值是可以变化的。我们在原型制作过程中需要给变量赋值。

在 Axure 中可以将不同类型的值赋给变量，可以赋值的类型如下表所示。

类型	描述
值	手动输入变量的值，也可以点击 fx 图标获取局部变量或者函数值
变量值	获取自身或其他全局变量的值，下拉选择全局变量或者直接新增变量
变量值长度	获取全局变量值的长度，下拉选择或者新增
部件文字	文本部件中的文字，下拉选择文本部件
焦点部件上的文字	当前获取焦点部件中的文字
部件值长度	部件中字符串的长度（数字）
选中项值	下拉列表或列表选择框中被选中项的文字
选中状态值	设置变量为部件的选择状态值（真或假）
动态面板的状态	设置变量值为动态面板当前状态的名称

6.4 变量跨页传递部件文字

前一节讲过变量可以获取不同类型的值，同时全局变量的应用范围是在整个原型内。在本节我们就实际体会一下变量如何跨页面传递部件文字。

案例描述

很多有会员系统的网站，在登录网站之后，网站的头部导航中都会显示登录的用户名或者账户名。在 Axure 中想要实现这样的效果只需要在登录的时候将账户名赋值给一个变量，然后在打开登录后页面时，再让文本部件获取变量的值并显示出来。

操作过程

STEP 01 在 Axure 中新建两个页面，分别命名为"网站首页"和"登录页面"。

STEP 02 分别在"网站首页"和"登录页面"绘制对应的线框图。

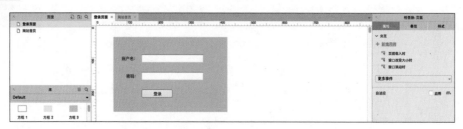

登录页面

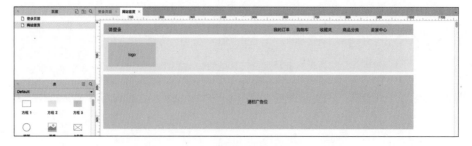

网站首页

STEP 03 拖动一个文本面板到"网站首页"头部中，部件文字修改为"请登录"，并命名为"请登录"。

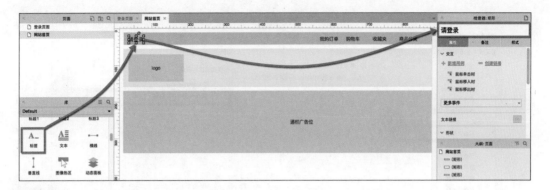

STEP 04 创建一个全局变量，命名为"denglu"。

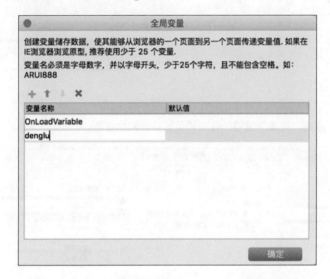

STEP 05 单击选中"登录"按钮，双击事件"鼠标单击时"，打开用例编辑器。

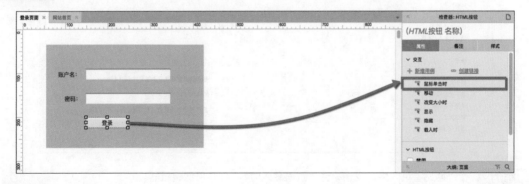

STEP 06 设置变量的值等于账户名输入框中的部件文字，将账户名中部件文字传递给全局变量
denglu。

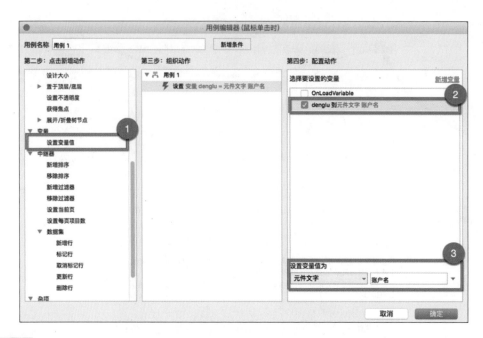

STEP 07 同步设置点击"登录"按钮，在当前页面打开网站首页。

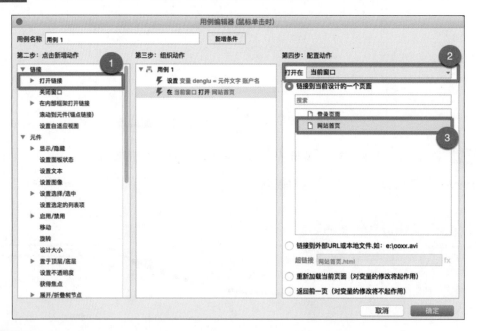

STEP 08 在"网站首页"中，双击事件"页面载入时"，打开用例编辑器。

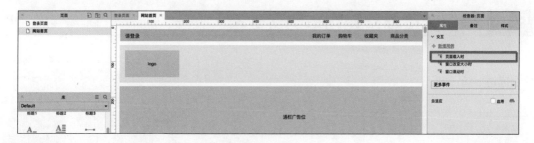

STEP 09 设置文本"请登录"的值等于变量值"denglu"。

STEP 10 生成原型，在浏览器中查看效果。

6.5 根据变量调整购物车购买数量

案例描述

购物车在电商类型的网站是必不可少的组件之一，点击购买数量的加号和减号，可以对需要购买的商品数量进行增减，但最低购买数量不得低于1。在 Axure 中要实现这样的效果就需要借助变量，通过变量动态地调整购买的商品数量。

when	where	how	what
鼠标单击时	加号	无	购买数量加1
鼠标单击时	减号	商品数量，不得小于1	购买数量减1

操作过程

STEP 01 在 Axure 中，快速制作一个购物车加减线框图。

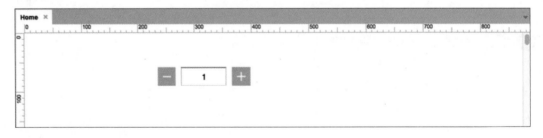

- □ 加和减都是图标。
- □ 中间是一个文本框部件，默认值设置为1。
- □ 所有部件都必须进行命名：加、减、购买数量。

STEP 02 单击选中加号图标，双击事件"鼠标单击时"，打开用例编辑器。

STEP 03 单击"设置文本"，设置"购买数量"的值。

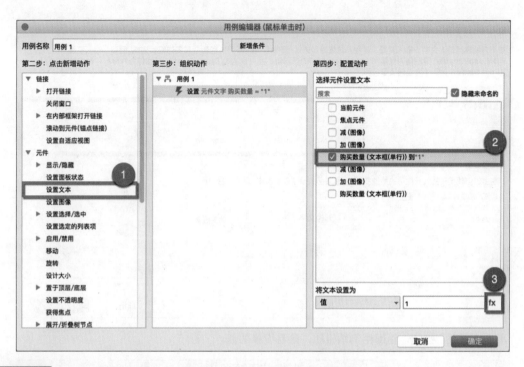

STEP 04 单击 fx 图标，新增一个局部变量 LVAR1，等于"购买数量"。

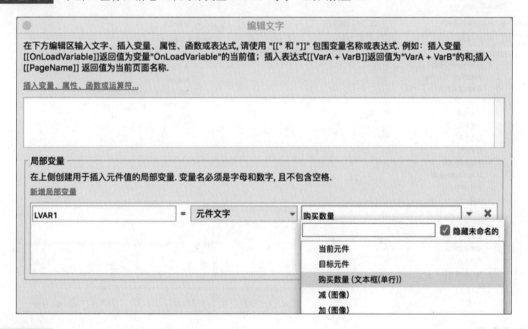

STEP 05 设置"购买数量"的值为 [[LVAR1+1]]。

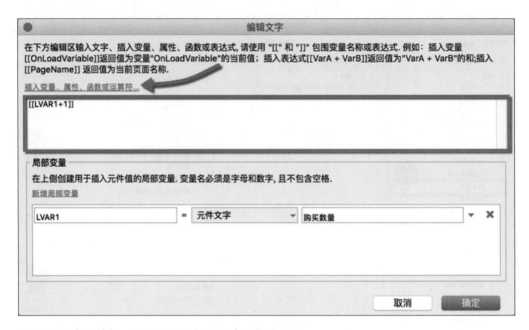

单击"确定"按钮，返回用例编辑器，查看设置的值。

STEP 06　按照同样的步骤在购买数量大于 1 时，设置减号的值为 [[LVAR1-1]]。

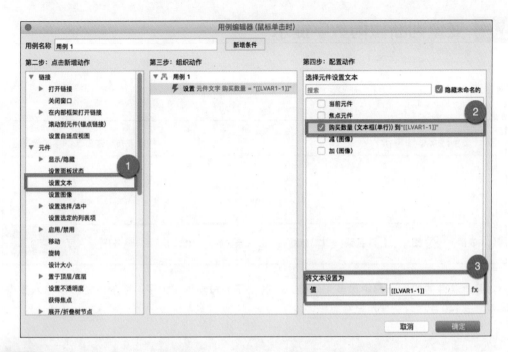

STEP 07 添加条件判断：当"购买数量"大于 1 时，点击减号图标才有效果。

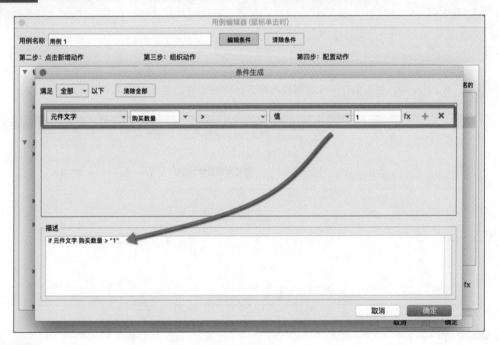

STEP 08 生成原型，在浏览器中查看购买数量增减效果。

6.6 变量判断微博数字提示

案例描述

有什么新鲜事想告诉大家？   可以发布超过*140*字的微博啦

☺ 表情   🖼 图片   🎞 视频   ♯ 话题   ⚡ 头条文章   ···   公开 ∨   **发布**

之前新浪微博的发布框中最多可以输入 140 个字，每输入 1 个字，就提示还可以输入多少字。但输入超过 140 字时，会显示已经超出多少字。

when	where	how	what
键盘输入时	输入框	小于等于140个字	显示还可以输入的字数
键盘输入时	输入框	大于140个字	显示已经超出的字数

操作过程

STEP 01　在 Axure 中，快速制作一个微博发布框。分别对部件命名为"发布框"和"数字提示"。

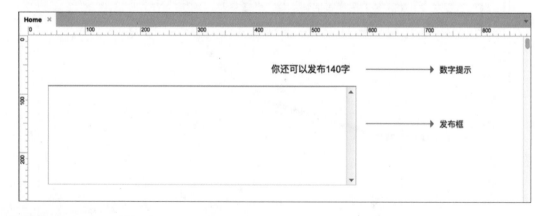

STEP 02　新增一个全局变量，命名为"changdu"。

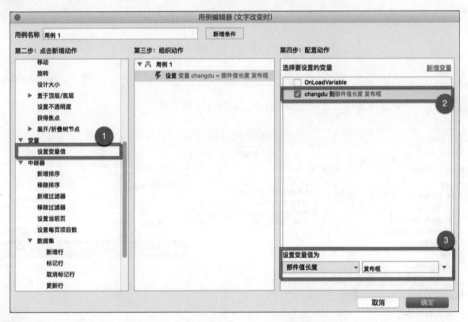

STEP 03 设置变量值：changdu 的值为"发布框"的部件值长度。

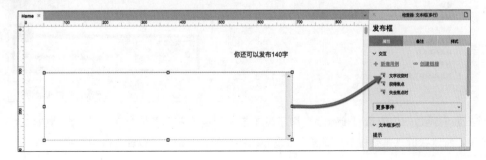

STEP 04 单击选中发布框，双击事件"文字改变时"，打开用例编辑器。

STEP 05 添加条件：当发布框中的文字长度小于 140 个字时。

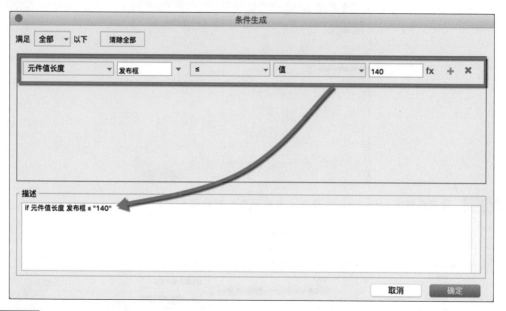

STEP 06 将"140"文本更换为 [[140-changdu]]，具体如下图所示。

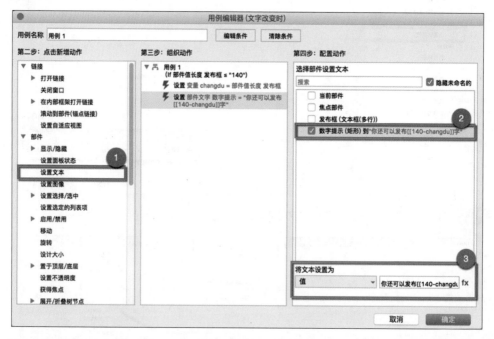

这里我们通过一个变量 changdu 获取了发布框中究竟输入了多少个字。因为微博的最大字数为 140 个字，所以我们只需要将 140 减去已经发布的字数即可获得还可以输入多少个字。

单击 fx 图标打开编辑文字对话框，插入变量 changdu。

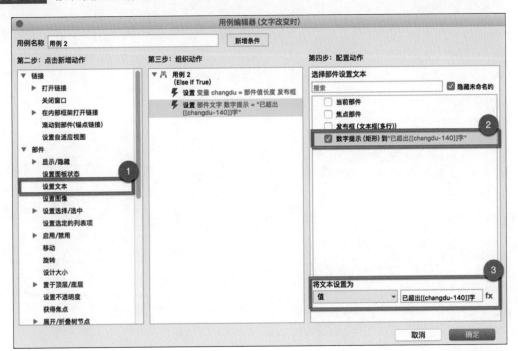

STEP 08 接下来按照同样的步骤，设置当发布框中的文字长度大于 140 个字时的提示文字效果。

编辑文字

在下方编辑区输入文字、插入变量、属性、函数或表达式，请使用 "[[" 和 "]]" 包围变量名称或表达式。例如：插入变量 [[OnLoadVariable]]返回值为变量"OnLoadVariable"的当前值；插入表达式[[VarA + VarB]]返回值为"VarA + VarB"的和;插入 [[PageName]] 返回值为当前页面名称。

插入变量、属性、函数或运算符...

> 已超出[[changdu-140]]字

局部变量

在上侧创建用于插入部件值的局部变量。变量名必须是字母和数字，且不包含空格。

新增局部变量

取消　　　确定

STEP 09 　生成原型，在浏览器中查看发布提示效果。

6.7 获取当前页面名称

面包屑导航告诉访问者他们目前在网站中的位置以及如何返回，在以往我们做原型的过程中往往只是显示一个通用的文字进行占位，无法做到每个页面的名称都动态变化。借助 PageName 函数，我们可以实现动态变化的效果。

PageName 函数最大的不足在于只能获取当前页面的名称，无法获取上一级页面的名称，所以我们只能做到最后一级页面的名称是动态更新的。

案例描述

操作步骤

STEP 01　在 Axure 中，快速制作面包屑导航线框图。

STEP 02　单击选中"人人都是产品经理（纪念版）"，将其命名为"当前页面"。

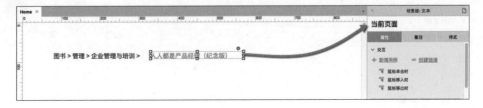

单击页面编辑区域的空白区，双击事件"页面载入时"，打开用例编辑器。

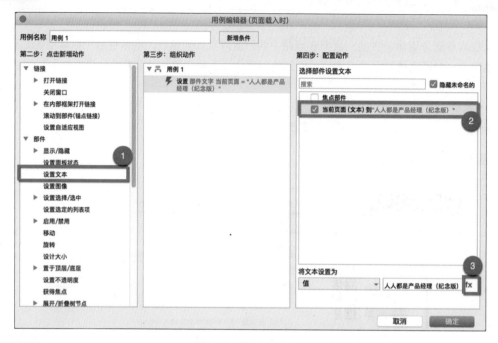

单击 fx 图标，删除文字，设置部件"当前页面"的值等于函数 PageName。

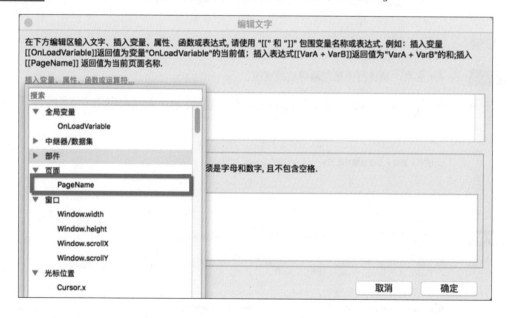

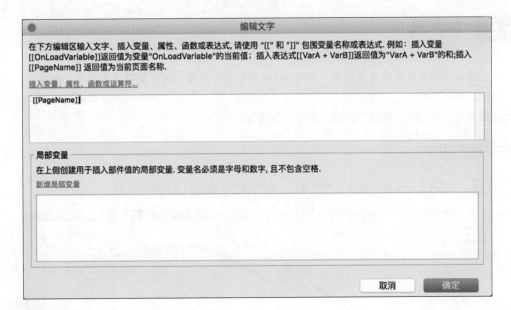

STEP 05 生成原型，在浏览器中查看效果。

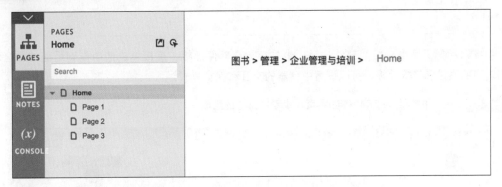

注意，在 Axure 中获取页面名称获取的是站点地图中当前页面的名称。

6.8 中继器

无论是线框图还是高保真原型图，使用 Axure 绘制的产品原型都不能被直接使用，直接原因就是 Axure 无数据库功能。Axure RP7 版本之后增加了中继器部件，实现了模拟数据库功能，通过中继器可以模拟常见的数据新增、更新、删除、排序、搜索等操作。

中继器的组成

STEP 01 在部件管理区域，单击选中中继器，按住鼠标左键拖到页面编辑区域。

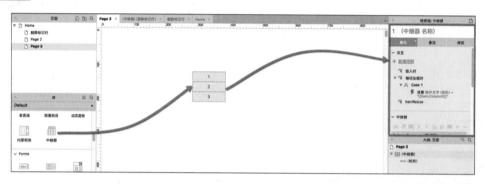

中继器和第 2 章中介绍的部件一致，也是存放在部件面板。直接单击选中拖到页面编辑区域，点击对应的属性和样式面板，可以设置中继器的交互和视觉样式。

STEP 02 双击中继器，打开中继器主页，查看中继器的组成。

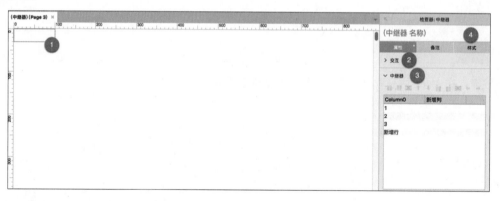

中继器主要由以下 4 个部分组成。

- □ 内置的矩形部件：用来绑定数据集中的数据，和页面编辑区域一样，也可以将内置的部件删除，将部件面板中其他部件拖动到整个页面编辑区域重新进行数据集绑定。
- □ 交互：只属于中继器的交互事件，通过交互事件将部件和数据集中的数据绑定，然后显示在页面中。

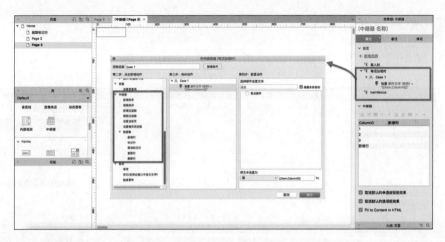

- 数据集：中继器中的 Excel 表格，用来存放内置的数据，可以直接复制 Excel 中的数据并粘贴，再通过和中继器主页中的部件进行绑定显示出来。

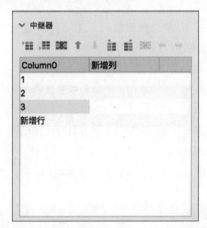

- 样式：中继器显示的位置，如背景、边框、边距、分页、间距等。

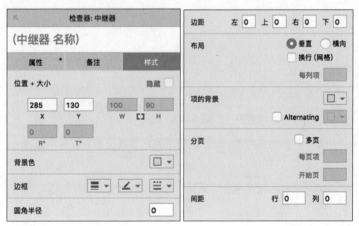

将部件和数据集进行绑定

STEP 01 拖动一个中继器部件到页面编辑区域，双击进入中继器主页，并删除自带的矩形部件。

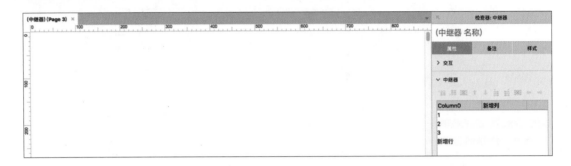

STEP 02 点击数据集（Dataset）选项卡，在下方的数据区域点击添加 2 列 3 行数据。

- 数据集中的主要操作和 Excel 中的操作类似，主要是新增行与列、删除行与列以及调整行和列的位置顺序。
- 双击列表头和区域，可以进入编辑状态，修改对应的表的内容，这里需要注意的一点是，表头的名称必须是字母和数字且第一个字符必须是字母。
- 也可以将 Excel 中的数据表直接复制和粘贴过来，并且表头会按照 Column1 到 ColumnN 进行自动命名。

STEP 03 拖动两个矩形部件到中继器主页，并调整每个矩形的尺寸，设置为 100×35，并排排列。

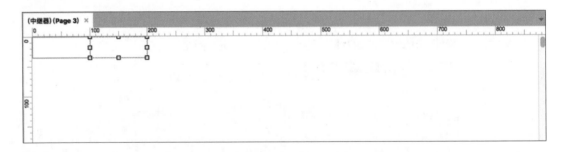

STEP 04 将两个矩形分别命名为"矩形 1"和"矩形 2"。

接下来将矩形 1 和数据集中的 name 进行绑定，也就是将数据集中的 name 的值传递给"矩形 1"。

STEP 05 单击中继器主页空白区域，单击"交互"选项卡，双击"每项加载时"，打开用例编辑器。

STEP 06 设置矩形 1 的文本的值。

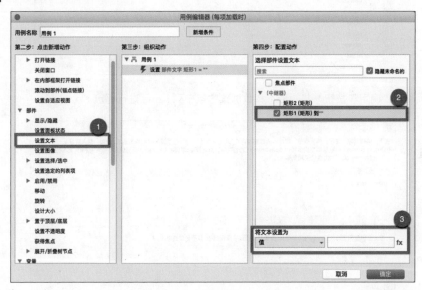

STEP 07 单击 fx 图标，打开变量函数编辑器，设置矩形 1 的值为 Itme.name，如下图所示。

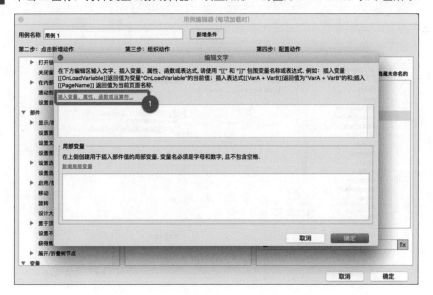

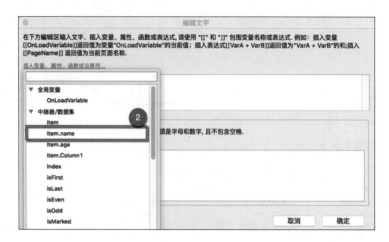

STEP 08 单击"确定"按钮，将矩形 1 和数据集的第一列 name 进行绑定。

按照同样的步骤，将矩形 2 和数据集中的 age 进行绑定。

打开页面编辑区域，查看中继器的显示效果。

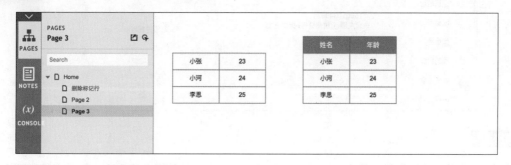

　　这里我们可以看出，在中继器主页中只有一行部件，而在页面编辑区域显示 3 行。矩形 1 绑定了 name 这一列的所有数据。所以在中继器中进行数据绑定后，数据集中有几行数据在页面编辑器中就会自动显示几行。同时，这里的列表还缺少普通表格的表头，我们可以自己拖动矩形制作两个对应的表头。

生成原型，在浏览器中查看效果。

6.9 数据集：新增、更新、删除数据

在上一节中我们了解了中继器的基本组成，以及如何将数据集中的数据与中继器主页中的部件进行绑定，显示出来，接下来我们将通过实际案例展示中继器的新增、更新和删除等动作。

新增数据

在百度外卖个人中心的送餐地址中我们可以点击"新增送餐地址"，在弹出的对话框中录入对应的信息，点击保存后，这条数据就被保存在该页面中了。本节我们将借用中继器实现送餐地址数据的动态增加。

STEP 01 | 在 Axure 页面编辑区域，绘制一个送餐线框图。

为了方便演示，我们将弹出窗口直接放置在页面的左边，实现点击"新增一个送餐地址"后右侧增加一个送餐地址。

STEP 02 | 拖动一个中继器到页面编辑区域，双击中继器打开中继器主页，删除原有矩形部件。

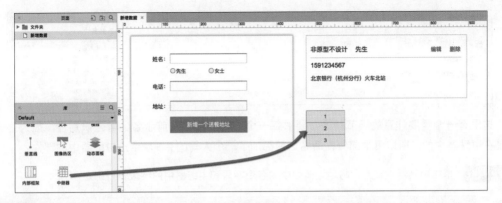

STEP 03 将右侧地址模型剪切到中继器中，坐标位置为（0,0），然后删除 Home 页面中的地址模型。

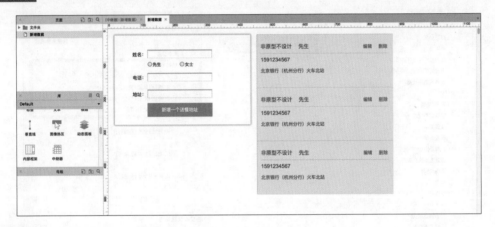

STEP 04 单击"数据集"选项卡，在数据集中创建对应的 name（姓名）、sex（性别）、Mobile（电话）和 map（地址）字段，删除所有的行。

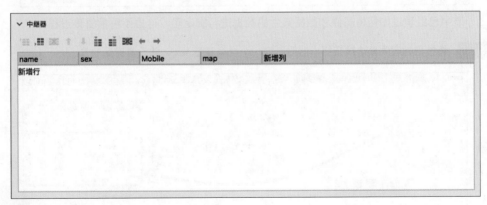

STEP 05 将地址模型中对应的部件都进行命名。

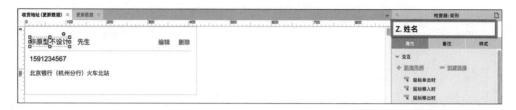

这里有一个需要注意的细节就是，要对每一个绑定的部件提前命名，增强识别性。因为这些部件是在中继器中的，所以每个部件在命名之前都加了一个大写的 Z，表示是中继器中的部件。

STEP 06　单击中继器中交互，将地址模型中的各个字段和中继器中的字段进行绑定。

上一节中已经学过如何将部件和数据集中的数据进行绑定了，这里不再重复该过程。

STEP 07　将性别指定为单选按钮组，然后新增一个全局变量 sex，并设置变量的值。

因为中继器无法一次性获取单选按钮的选中状态值，所以需要借助变量来获取被选中单选项的值。

单击选中"新增一个送餐地址"按钮，双击事件"鼠标单击时"打开用例编辑器，选择"数据集"→"新增行"。

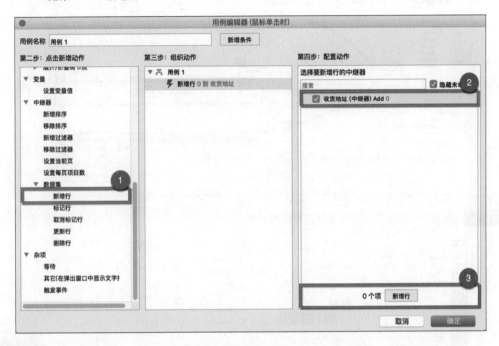

单击"新增行"，将弹出框中的值传递到数据集中对应的字段。

这里先通过新增局部变量获取弹出框中每个部件的值，然后再将局部变量的值传递给数据集。其中性别一项直接使用全局变量的值。

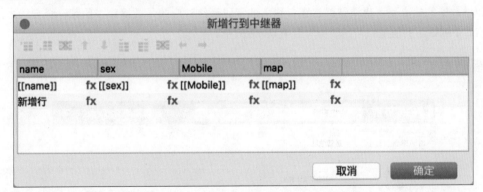

单击 fx 图标，在弹出的编辑器中先通过一个局部变量获取部件的值，然后再将获取到的值和数据集对应的字段进行绑定。将文本框中的值传递给数据集中对应的字段。

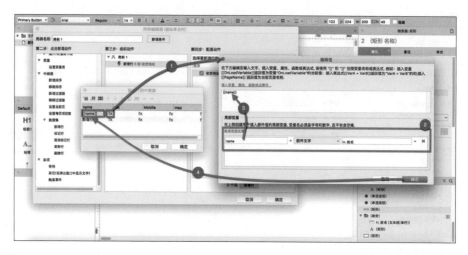

STEP 10 单击生成原型，在浏览器中测试新增效果。

新增数据的核心是考虑清楚弹出窗口输入的字段最终对应的是数据集中的哪一个字段。比如，弹出窗口中的姓名的值是新增到数据集合中 name 列中。

更新数据

外卖的配送地址也是不断变化的，如工作的变换、住处的搬迁。有数据的新增就有数据的更新。本节我们就利用中继器中的更新数据动作来更新送餐地址。

STEP 01 继续沿用上节的原型，双击中继器，进入中继器主页。

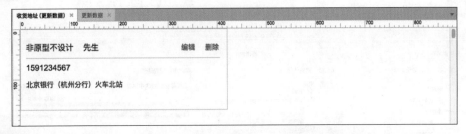

STEP 02 单击选中"编辑"，双击事件"鼠标单击时"，打开用例编辑器。

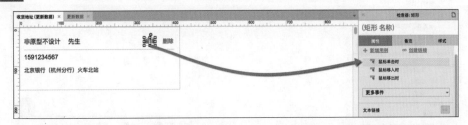

要想实现数据的更新，一定要有一个触发事件，这个触发事件在常规系统中就是单击"编辑"按钮。通过"编辑"按钮我们将现有的已存储数据传递到弹出框中的文本框中进行编辑，编辑完成之后再单击"保存"按钮。

STEP 03 设置单击"编辑"按钮时，将数据集中的值传递给弹出框中的对应文本框。

在上节新增数据的过程中，我们是将弹出窗口中的值传递给中继器中的数据集，在本节中由于要更新现有中继器数据集中的数据，所以要先将数据集的值传递到弹出窗口进行编辑，然后再更新回来。

STEP 04 接下来，标记数据行，让 Axure 知道我们更新的是哪一行数据。

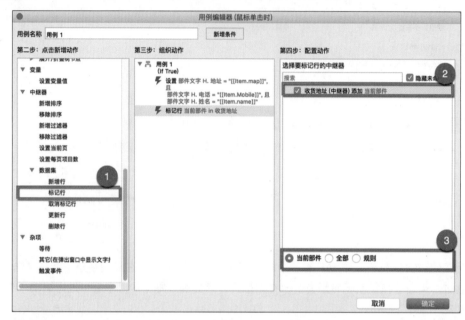

标记数据行从某种角度来说就是选中了这个数据行，给这个数据行添加一个印记。如果不标记数据行，Axure 就无法识别我们究竟要更新哪一行数据。在执行删除操作时，还可以只删除被标记的数据。

在中继器中标记主要有三种类型，即标记当前行、全部和规则标记。如果标记了全部，执行删除时就是删除全部。

STEP 05 将数据集中性别值传递到弹出窗口中。

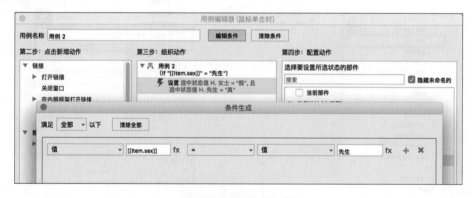

中继器中性别为"先生"

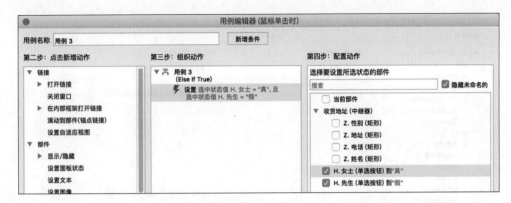

中继器中性别为"女士"

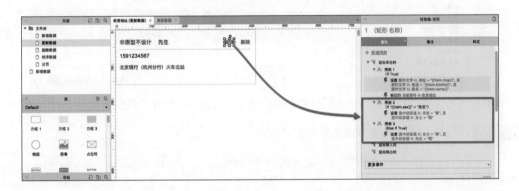

　　这里我们使用了条件判断，如果中继器中的性别值为"先生"，就设置弹出窗口中得单选项"先生"为选中状态，反之设置单选项"女士"为选中状态。

STEP 06　点击"更新地址"按钮，双击"事件单击时"，打开用例编辑器。

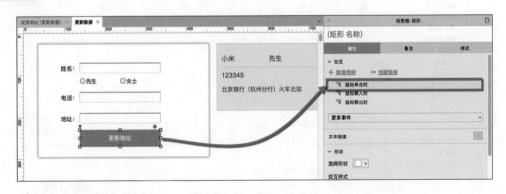

　　这里我们将之前的新增弹窗做了一些微调，将新增按钮更改为了更新按钮。

STEP 07　更新数据行，将弹窗口中的值重新传递到数据集中。

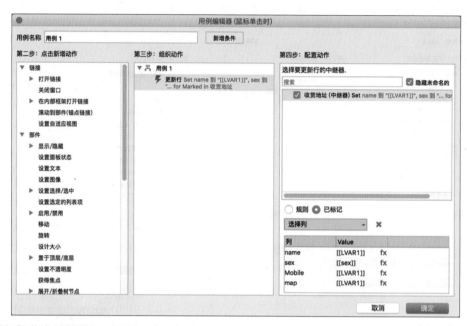

详细操作参见新增行。通过一个局部变量和一个全部变量将值传递到数据集中对应的字段。

STEP 08 更新完成后，设置取消之前的标记行。

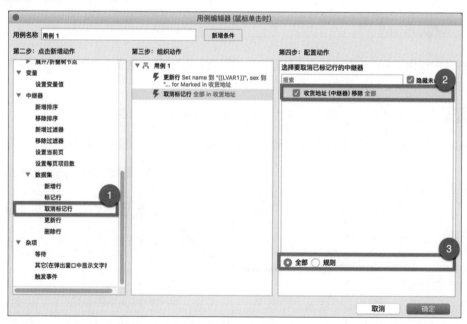

因为在更新的过程中，我们更新的是已经标记的，如果不取消标记行，会造成后期更新的混乱。

STEP 09 生成原型，查看更新效果。

删除数据

上一节我们更新了数据，本节我们将练习如何删除数据。

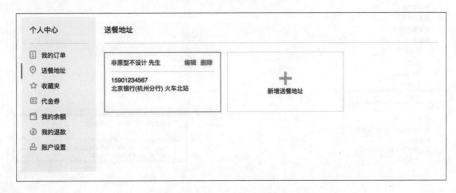

STEP 01 继续沿用上节的原型，双击中继器，进入中继器主页。

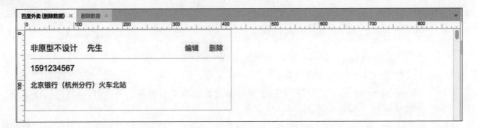

STEP 02 单击选中"删除"双击事件"鼠标单击时"，打开用例编辑器。

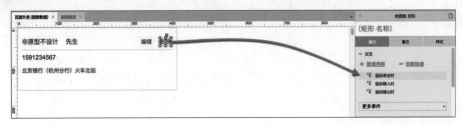

要想实现删除，一定要有一个触发事件，这个触发事件在常规系统中就是单击"删除"按钮，

通过"删除"按钮我们将页面中显示出来的数据删除掉，这里的删除其实并没有真正地删除数据集中的数据，页面一刷新又会重新出现。

STEP 03 设置删除动作。

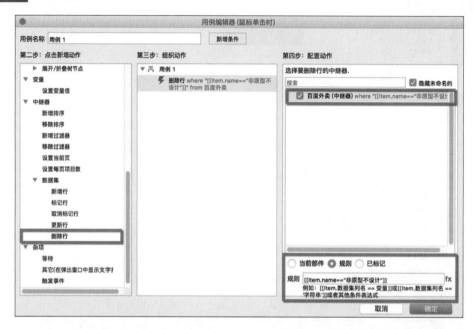

删除类型	说明
当前部件	删除当前行数据，无需进行规则和标记
规则	变量：[[Item.name==LVAR1]]，根据文本框中输入的值，删除对应的条目，LVAR1 是局部变量，获取的是文本框中的值字符串： [[Item.name=="具体的字符串"]]，字符串需要加英文下的双引号通过数据规则进行删除，如产品的价格大于100元（Item.price>=100） 删除全部：[[1==1]]
已标记	被标记过的数据，例如，在数据行加复选按钮，勾选即表示标记当前行，然后删除全部被标记的数据

6.10 中继器：排序、搜索、分页数据

前一节我们通过实际案例展示了中断器的新增、更新和删除，本节将通过实际案例展示中继器的排序、搜索和分页等动作。

排序数据

在电商数据列表中可以对搜索出来的数据按照销量、价格、评论数等进行排序，在中继器中也可以模仿做出类似的数据排序功能。

STEP 01 在 Axure 中使用中继器制作一个商品线框图。

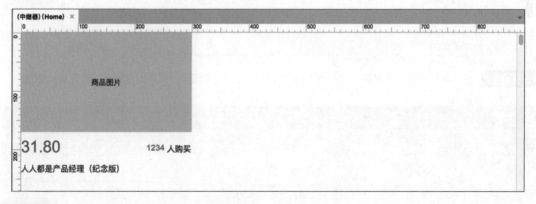

STEP 02 在中继器数据集中创建多条书籍数据。

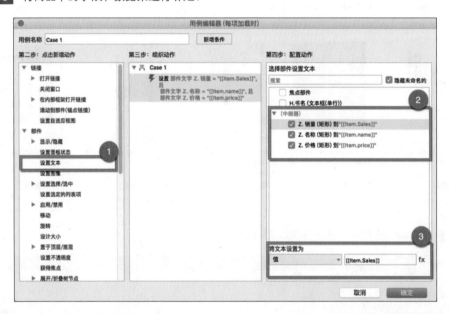

name	price	Sales	新增列
产品前线：48位一线互联网产品经理的智慧与实战	51.10	159	
人人都是产品经理（纪念版）	31.80	2596	
产品经理手册（原书第4版）	43.50	368	
参与感：小米口碑营销内部手册	35.40	8162	
新增行			

STEP 03 将商品中的字段和数据集进行绑定。

STEP 04 拖动矩形部件，设置部件文字为"销量"，单击选中"销量"，打开用例编辑器，设置排序规则。

排序类型	说明
Number	数值类型，按照数值的大小进行升序和降序排序
Text	文本类型
Text（Case Sensitive）	区分大小写的文本类型
Date-YYYY-MM-DD	日期类型，如2015-12-13
Date-MM/DD/ YYYY	日期类型，如13/12/2015

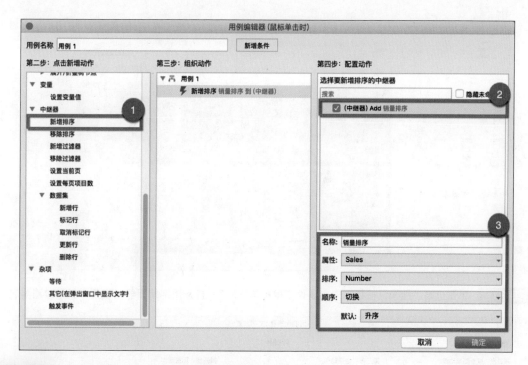

STEP 05 按照同样的步骤，设置价格的排序规则。

STEP 06 生成原型，在浏览器中查看排序切换效果。

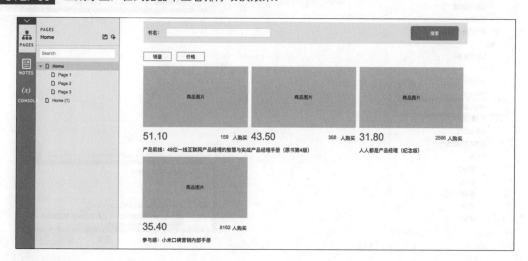

搜索数据

STEP 01 在上一节的排序数据线框图的基础上，添加按照书名搜索的模块。

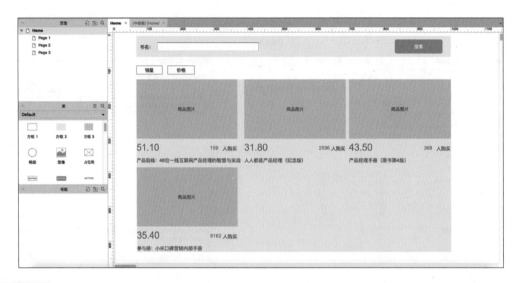

STEP 02 单击选中"搜索"按钮,双击事件"鼠标单击时",打开用例编辑器,设置"新增过滤器"。

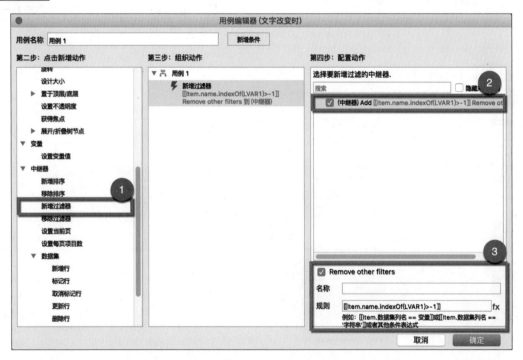

接下来获取书名文本框的值,然后设置当文本框中的值等于数据集中的 name 字段时筛选出该数据。

STEP 03 单击 fx 图标,打开"编辑值"编辑器,添加一个局部变量获取书名搜索文本框的值。

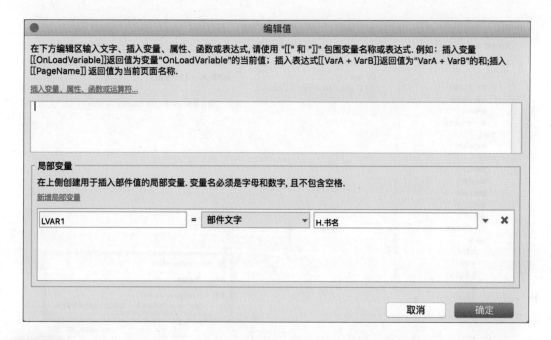

编辑值

在下方编辑区输入文字、插入变量、属性、函数或表达式,请使用 "[[" 和 "]]" 包围变量名称或表达式. 例如:插入变量 [[OnLoadVariable]]返回值为变量"OnLoadVariable"的当前值;插入表达式[[VarA + VarB]]返回值为"VarA + VarB"的和;插入 [[PageName]] 返回值为当前页面名称.

插入变量、属性、函数或运算符...

局部变量

在上侧创建用于插入部件值的局部变量. 变量名必须是字母和数字, 且不包含空格.

新增局部变量

| LVAR1 | = | 部件文字 ▼ | H.书名 ▼ ✗ |

取消　　确定

STEP 04　单击插入"变量、属性、函数或运算符",将搜索规则设置为数据集 [[Item.name=LVAR1]]。

编辑值

在下方编辑区输入文字、插入变量、属性、函数或表达式,请使用 "[[" 和 "]]" 包围变量名称或表达式. 例如:插入变量 [[OnLoadVariable]]返回值为变量"OnLoadVariable"的当前值;插入表达式[[VarA + VarB]]返回值为"VarA + VarB"的和;插入 [[PageName]] 返回值为当前页面名称.

插入变量、属性、函数或运算符...

[[Item.name.indexOf(LVAR1)>-1]]

局部变量

在上侧创建用于插入部件值的局部变量. 变量名必须是字母和数字, 且不包含空格.

新增局部变量

| LVAR1 | = | 部件文字 ▼ | H.书名 ▼ ✗ |

取消　　确定

STEP 05　单击"确定"按钮,返回用例编辑器,查看设置效果。

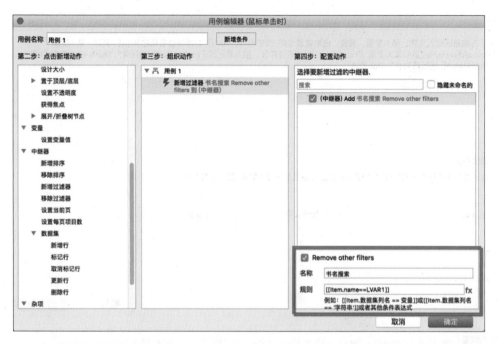

目前这里实现的效果还是精准搜索，也就是搜索的名称必须和书名完全匹配才可以被搜索出来。当然中继器也可以实现对应的模糊搜索，这就需要借用字符串函数 [[LVAR.indexOf('searchValue')]] 来实现。

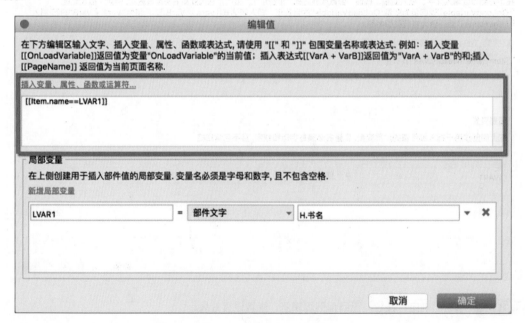

[[LVAR.indexOf('searchValue')]] 这个函数的意思是从头到尾地检索字符串 LVAR，看它是否含有子串

searchValue。如果找到一个 searchValue，则返回 searchValue 第一次（0 代表第一个位置）出现的位置。如果要检索的字符串值没有出现，则返回值为 −1。

当对 Item.name 进行从头到尾检索时，假设搜索的关键词为"手册"，当书名中有"手册"两个字时，无论"手册"出现的位置在哪里，它通过 [[LVAR.indexOf('searchValue')]] 返回的值肯定是大于 −1 的；只有当书名中没有"手册"两个字时才会返回 −1。因此，在新增筛选的规则中我们只需要将所有返回值大于 −1 的数据都过滤出来即可。

STEP 06　设置当书名搜索框为空时，移除过滤器，显示默认列表数据。

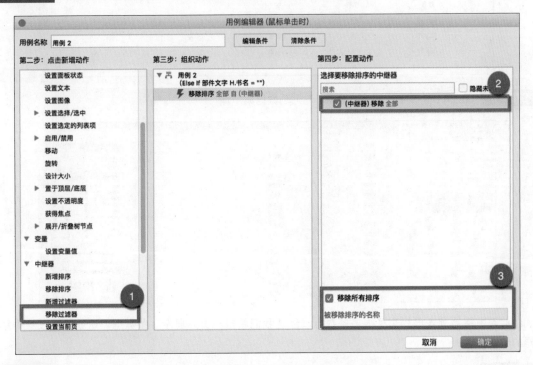

STEP 07　点击生成原型，在浏览器中查看精准过滤和模糊过滤的结果。

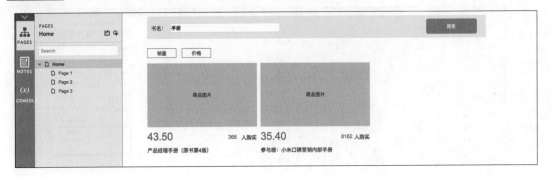

分页数据

一个页面行数过多时，需要设置对应的分页数量，如常见的列表设计中规定一页 10 行数据，超过 10 行就进行分页，并且有对应的分页控制器。

STEP 01 使用中继器在页面编辑器区域制作一个常规列表。

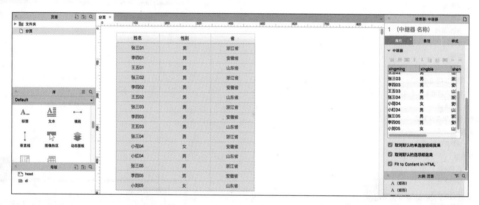

STEP 02 在 Excel 中复制一些信息数据，粘贴到数据集中。

此时中继器列表已经有了很多条数据，但是我们希望一页只显示 3 条数据，这就需要设置中继器的分页属性。

STEP 03 设置中继器的翻页属性，每页 3 条数据，开始页是 1。

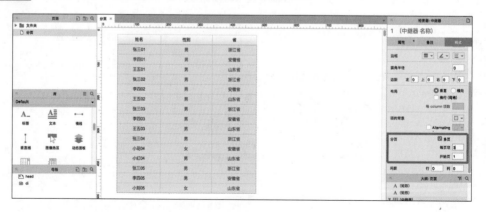

在浏览器中我们发现共有 15 条数据，但页面中只显示出 3 条数据，这个时候并不是数据丢失了，只是我们设置了分页效果，每页最多只显示 3 条数据，超出 3 条的将在后续的页面中展示。如果想要看到后面的数据，还需要制作翻页控制器。

STEP 04 利用标签部件制作一个简易的翻页组件。

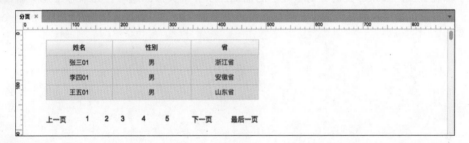

STEP 05 单击选中"上一页"，双击事件"鼠标单击时"，打开用例编辑器，设置翻页动作。

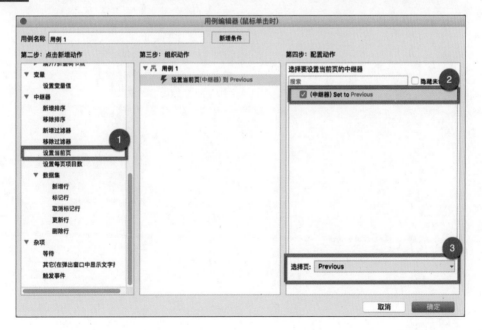

在第4步中，有4个选项，对应的分别是值、上一页、下一页和最后一页。如果选择翻页中的数字，可以选择设置值，点击后会跳转到对应的页中。

STEP 06　生成原型，在浏览器中查看分页效果。

为了体现翻页的效果，我们在每个姓名后面都加了一个页面的编号。如果想让整个翻页效果更加逼真，也可以设置对应的翻页选中和切换选中效果，这样就可以更加真实地模拟翻页的整个过程。

6.11 自适应视图

在屏幕尺寸越来越多的今天，如何设计一个能够适应多套屏幕方案的产品在产品设计过程中越来越受到重视。使用 Axure 自适应视图功能可以轻松地设计出满足不同屏幕尺寸的原型。

视图的尺寸

一般情况下，设计一个网站要同时满足台式机、笔记本电脑、平板电脑和手机终端的访问需求。每个访问终端都有自己最基本的尺寸。

在设计原型时，往往先以台式机为主定义一个主要视图的尺寸，这个视图在 Axure 中被称为基本视图。如果需要适配到平板电脑和手机，再在视图配置窗口中配置其他视图尺寸。Axure 内置了 5 套屏幕尺寸方案，可以直接选择预设的方案进行视图配置，也可以根据实际尺寸自定义。

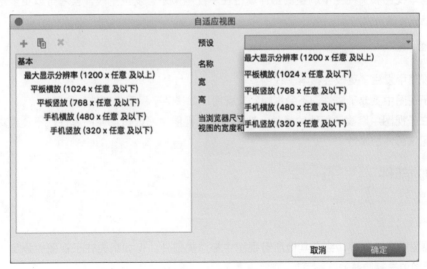

视图的继承

在 Axure 自适应设计过程中，父视图中的排版布局在子视图中同样会出现一份，此时只需要调整对应的子视图的布局即可。这里涉及一个概念"继承"，即子视图会继承父视图的属性。

继承方式

视图中的一些部件和格式等相关属性，主要有两种继承方式，第一种是继承默认视图，即基本视图，第二种是继承它的父视图。

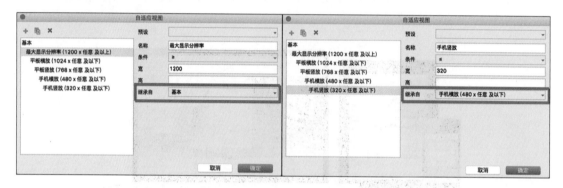

继承的内容

- 影响所有视图：部件文字内容的更改以及交互样式。只要在一个视图中对这几个特性进行了更改，其他任何一个视图的相应特性都会发生更改。
- 影响当前视图 / 子视图：部件的坐标位置、尺寸大小、样式和交互样式。
- 在基本视图和父视图中调整的部件属性在子视图中是否发生更改，读者可以更多地去尝试和实验。

继承的顺序

- 父视图中发生了更改会影响子视图。
- 在子视图中更改了属性，不会影响到父视图（如移动子视图中部件的位置）。
- 先在子视图中修改了部件的属性，然后再到父视图中修改该部件的属性，不会再次影响到子视图该部件的属性。

视图中的部件

添加部件

在父视图中添加部件，会在其他所有视图中都添加部件，但如果先在子视图中添加了部件，该部件在父视图中是被隐藏的，不可见。

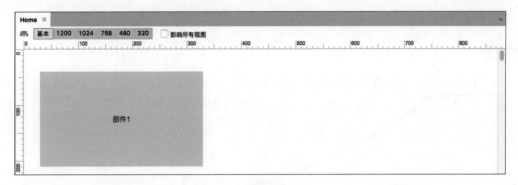

父视图

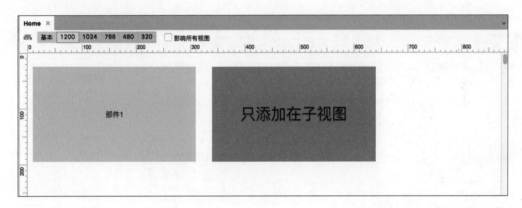

子视图

所有在父视图中不可见的部件在大纲面板中都默认显示为红色，可以单击右键显示该部件。

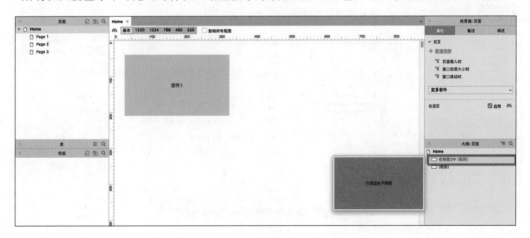

父视图

创建自适应视图

STEP 01 点击右侧属性面板中的自适应视图中的"启用"按钮，显示自适应菜单。

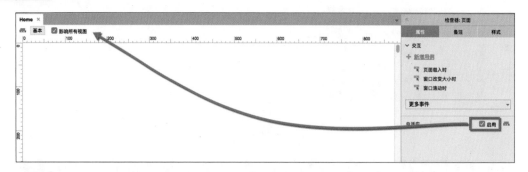

STEP 02 点击管理自适应视图图标，打开"自适应视图"窗口。

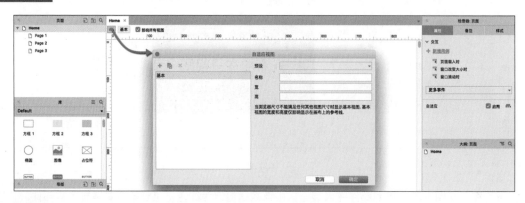

STEP 03 点击"+"图标，定义要适应的视图的尺寸。

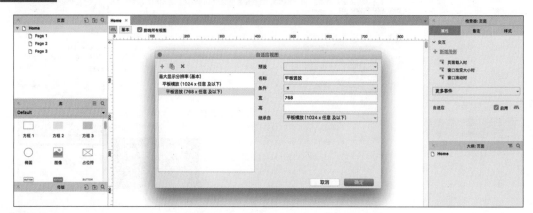

STEP 04 点击"确定"按钮，创建完成。

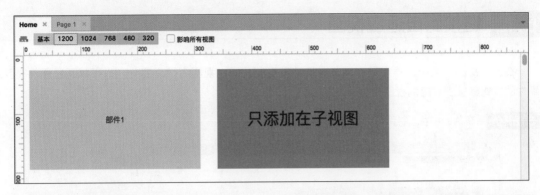

  图中红色框内显示的尺寸就是我们创建的全部自适应视图方案，蓝色表示当前正在编辑的视图，黄色表示编辑当前视图中的部件会受影响的视图，灰色表示编辑当前视图中的部件不会受影响的视图。如果勾选了"影响所有视图"，所有选项卡都变成绿色，表示视图都会受影响。

6.12 链接到自适应视图

在多个视图方案中，不止是在浏览器尺寸发生变化时，视图会发生变化，也可以通过添加交互事件的方式链接到对应的视图中。

STEP 01　在 Axure 中，制作一个如下图所示的列表。

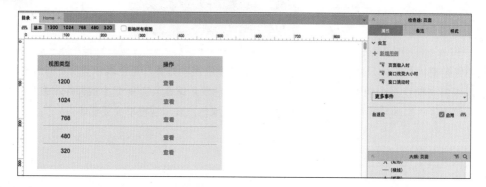

STEP 02　单击选中"查看"，双击"鼠标双击时"，打开用例编辑器，设置自适应视图。

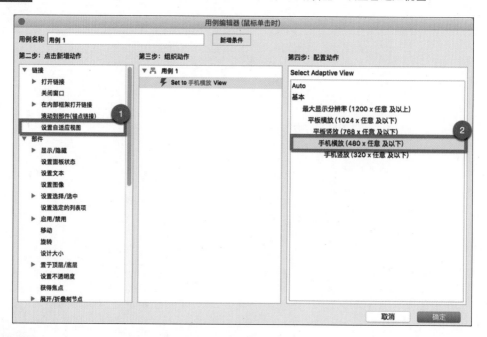

STEP 03　生成原型，在浏览器中查看链接自适应视图功能。

CHAPTER

7

分享原型

7.1 生成、预览和导出原型

本节主要介绍生成原型和导出功能，快速将制作的原型分享出去！

生成原型的两种方法

方法一　通过菜单生成原型。

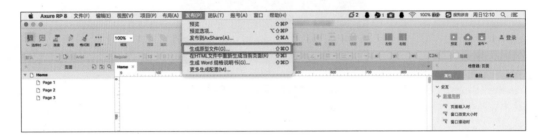

方法二　通过工具栏按钮生成原型。

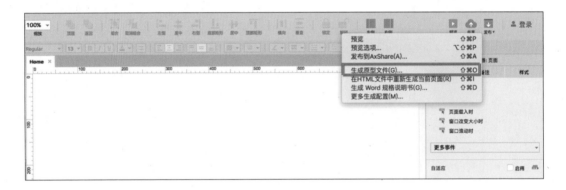

生成原型的常规配置

无论使用上面哪一种方法生成原型，最终都会弹出下图所示的这个弹出框。

STEP 01　选择原型生成后，存放文件的目标文件夹，即我们生成的网页原型文件要存放的位置。

STEP 02　选择浏览器类型或者"不打开"，一般选择"默认浏览器"，同时设置是否带站点地图。

STEP 03　单击"生成"按钮，生成网页原型。生成之后，如果选择的是默认浏览器，软件会直接启动你的浏览器，并打开生成的原型页面，如下图所示。

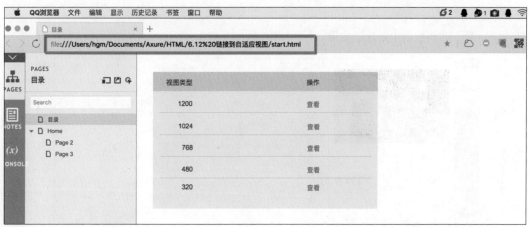

生成部分原型页面

可以选择部分页面生成原型，如下图所示。

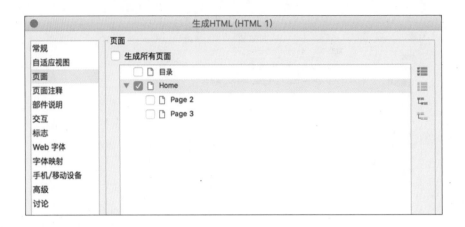

生成原型的标志配置

很多分享的原型都带有自己的标志，可以如下图所示设置自定义的标志。

生成之后，在浏览器中显示的效果。

快速预览功能

快速预览并不是真正生成原型！只是为了方便临时查看原型生成的效果。一般在制作原型的过程中，需要不断查看对应效果是否实现，可以采用预览功能。

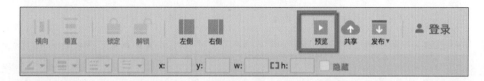

- 直接点击工具栏的快速预览按钮即可直接预览原型，效果和生成原型效果一致。
- 可以直接使用快捷键进行预览。
- 使用预览功能还有一个最大好处，如果原型中页面进行了更改，无需二次生成预览，只需要刷新页面即可看到原型更改后的效果。

还可以对预览原型进行一些基本配置，但一般采用默认配置。

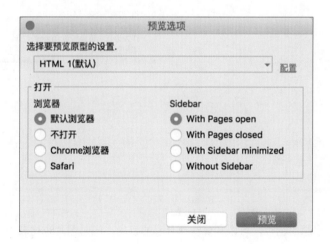

将原型界面导出为图片

方法一　直接通过"文件"菜单中的"导出页面为图像"和"将所有页面导出为图像"。

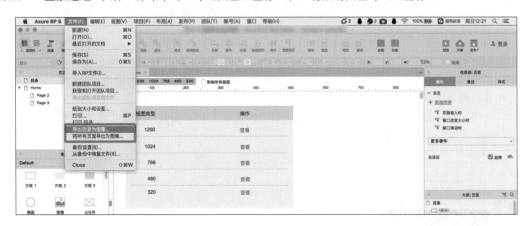

使用菜单直接导出的图片一般过大，不利于即时分享。

方法二　直接复制当前页面，然后粘贴到 QQ 聊天窗口，另存为图片即可。

通过聊天窗口导出原型图片，可以实现快速分享的目的，同时图片也比较小。

7.2 将原型发布到AxShare

在日常的项目过程中，我们常常需要将自己制作的原型生成之后分享给其他人查看。很多时候不便于将源文件直接发送过去，此时将原型上传到网络服务器，并直接发送一个链接地址查看就方便得多。对于这种解决方案很多公司内部建立了自己的原型服务器，如果缺乏这样的服务器资源，也可以利用 Axure 官方的 AxShare 实现通过分享链接地址分享原型的效果。

项目		
项目名称	版本号	创建时间
▨▨▨	1.0	2016-07-22
▨▨▨	3.0	2016-07-22
▨▨▨	1.1	2016-07-07
▨▨▨	1.1	2016-03-22
▨▨▨	1.1	2016-03-22

▍上传原型到 AxShare

`STEP 01`   点击"发布到 AxShare"。

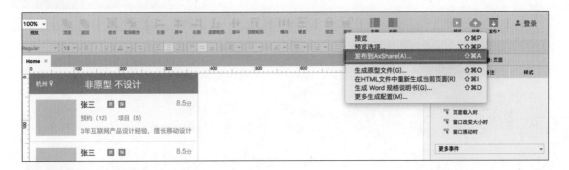

`STEP 02`   在弹出的发布配置器中进行发布配置。

创建新项目

- ❑ 名称：文件的名称，如果已经保存了原型文件，会直接获取文件的名称
- ❑ 密码：可选项，文件的访问密码。
- ❑ 文件夹：文件在 AxShare 中的存放路径，需要登录账户。

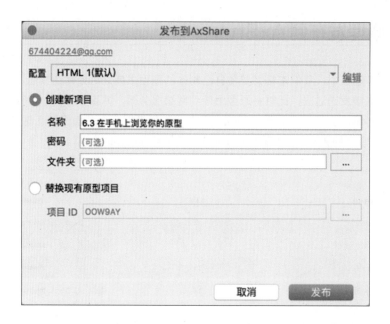

替换现有项目

❑ 项目 ID：每个发布到 AxShare 的文件都会生成一个唯一的 ID。通过输入 ID，可以直接覆盖之前的项目文件，也可以直接选择要覆盖的项目文件。如果该项目之前已经发布过，再次点击 "发布" 按钮时会默认为替换现有的原型文件。

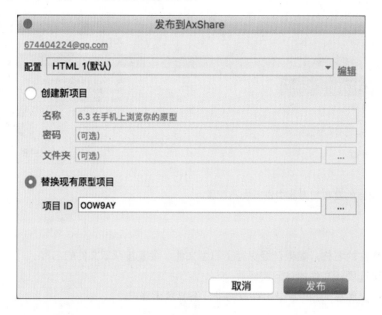

STEP 03　点击 "发布" 按钮，将文件发布到 AxShare。

如果之前没有登录过 AxShare，此时会弹出登录窗口，直接输入对应的账户和密码，然后点击"确定"按钮。

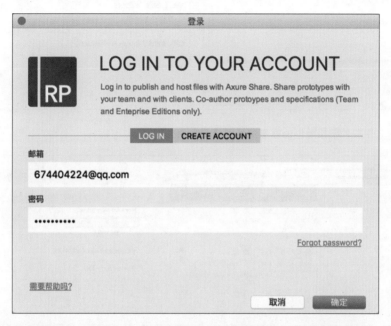

　　如果之前没有注册过，可以先点击"创建账号"，创建完账号之后再进行发布。

STEP 04 发布进行中。

单击生成的链接地址，在浏览器中查看效果。

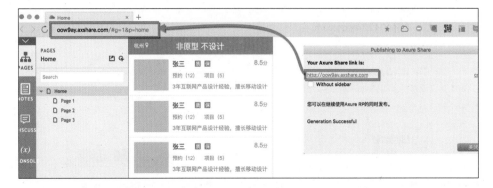

此时已经发布成功，可以直接复制浏览器中的网址，将其发送给其他人进行查看。

AxShare 概述

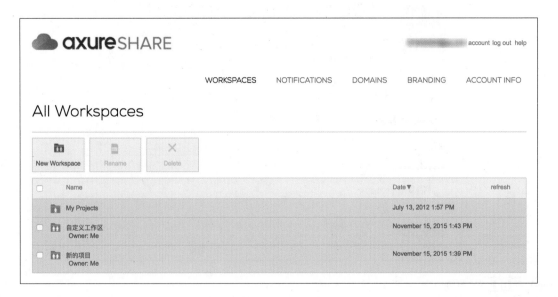

AxShare 有一个默认工作区 "My Projects",默认上传的项目文件都是在这个工作区域内,点击可以查看之前上传的全部文件。

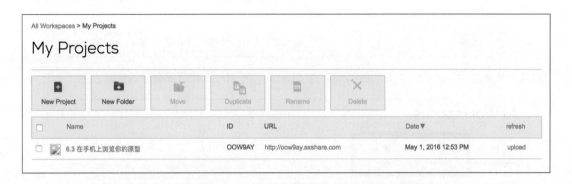

- ❑ New Project:创建新的项目文件,可以从电脑本地上传原型文件创建。
- ❑ New Folder:创建新的文件夹,可以将项目移动到文件夹中进行管理。
- ❑ Move:移动项目到其他文件夹或者工作区
- ❑ Duplicate:复制项目,复制出来的项目名称前面会加上一个(COPY)。
- ❑ Rename:重命名文件。
- ❑ Delete:删除文件。

新建/重命名/删除工作区

直接单击 "New Workspace",在弹出的对话框直接输入新的工作区名称,然后单击 "Create" 按钮。

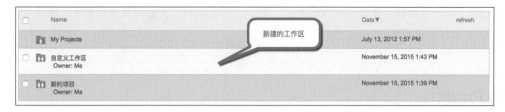

勾选某个工作区，然后单击"Rename"或"Delete"可以对工作区重命名或删除。

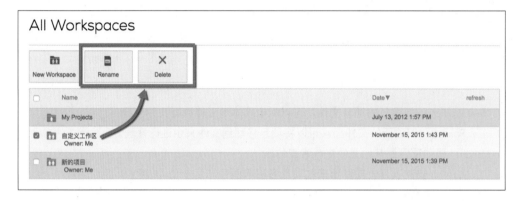

▌讨论

STEP 01 单击项目名称，进入项目详情页。

STEP 02 在项目详情页，单击"DISCUSSIONS"，开启项目讨论。

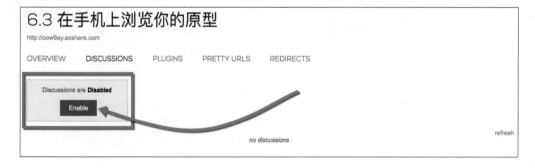

STEP 03 创建讨论。

STEP 04 管理讨论。

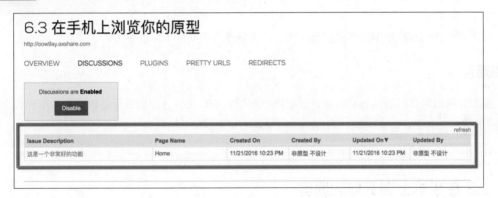

漂亮的URL

STEP 01 创建默认显示页面。

设置默认显示页面后，在浏览器中打开页面，默认地址就是 ID.axshare.com，此时不显示站点地图。

STEP 02 自定义 404 页面。

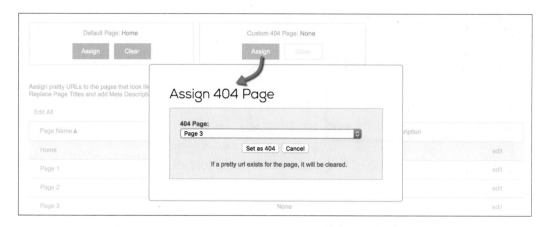

当用户点击站点地图中没有的页面时候，就会显示自定义的 404 页面。

重定向

重定向可以将页面的旧的 URL 地址重新定位到新的 URL 上。通过旧的页面地址访问新的页面。

STEP 01 单击项目名称，进入项目详情页，点击"重定向"。

页面采用了百度翻译进行翻译，英文不是很好的人可以通过这种方法快速熟悉英文界面。

STEP 02 点击创建重定向。

Incoming URL 为想要重定向的 URL，Redirect to 为要重新定向到的 URL。

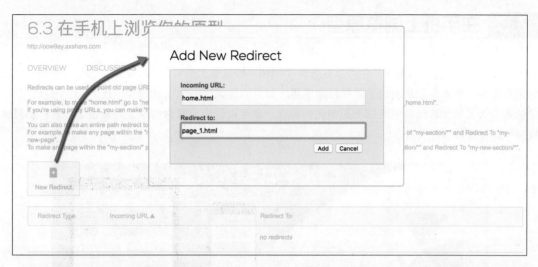

例如，Incoming URL 设置为 home.html，Redirect to 设置为 page_1.html，那么在浏览器中输入 ID.axshare.com/ home.html 会直接跳转到 ID.axshare.com/page_1.html 页面，并显示其页面内容。

注意：在表单中输入的页面地址一定是原型中的页面地址，其后要加上"．html"。

7.3 在手机上浏览原型

随着 AxShare App 的发布，你可以在智能手机和平板电脑上查看用 Axure 制作的交互原型——无论是在应用程序本身还是通过你的手机浏览器。如果你是测试一个 App 原型，还有一个隐藏状态栏的选项。为了确保移动信号连接不影响你的表现，你可以预先下载你的原型到设备上，这样加载速度更快，并且可以脱机演示。

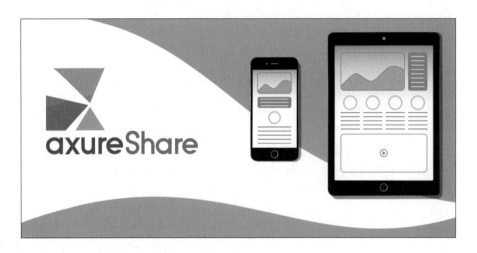

STEP 01　在 Axure 页面区域快速绘制一个移动 App 界面。

原型界面的尺寸按照 iPhone6 尺寸的一半（375×667）来绘制，坐标设置为（0,0）。

STEP 02 单击"发布"→"生成原型"→"手机/移动设备",设置移动显示参数。

- ❑ 宽度:输入像素值或者根据设备宽度自动设置。
- ❑ 高度:输入像素值或者根据设备高度自动设置。
- ❑ 初始比例:手机打开后显示的界面大小,默认比例是 1.0,若设置为 2.0,打开后显示的界面就是原始界面的两倍。
- ❑ 最小比例:能够缩放的最小尺寸。
- ❑ 最大比例:能够缩放的最大尺寸。
- ❑ 用户可调节:用户能否通过手势放大或缩小页面尺寸,默认为空,可以调节,如果不希望调节就填写"no"。
- ❑ 防止垂直页面滚动:勾选后表示用户不能在垂直方向滚动页面。
- ❑ 自动检测和链接电话号码:默认勾选,自动识别输入的文本内容是否为电话号码,此选项只针对 iOS 客户端有效。

STEP 03 将原型直接发布到 AxShare 中。

STEP 04 在手机端打开 AxShare App。

STEP 05 直接点击项目名称，打开查看原型。

STEP 06 向右滑动页面，打开抽屉式菜单，切换页面或者返回。

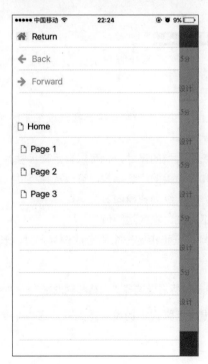

7.4 在纸上浏览原型

在纸上浏览设计的原型可以让你更加关注设计本身，而不是软件功能的使用。Axure RP8 中强化了打印功能，让我们可以更便捷地将绘制的原型打印出来，在纸上浏览。

打印原型

STEP 01 选择打印纸张配置。

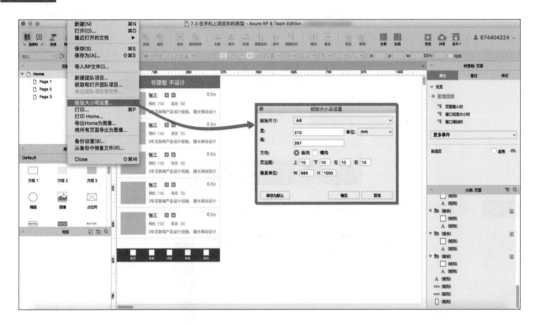

- ❑ 纸张尺寸：默认是 A4，也可以从下拉菜单中选择预设纸张的尺寸，或选择"自定义"输入自定义的尺寸。
- ❑ 宽、高：默认显示所选纸张类型的尺寸，也可以自定义尺寸。
- ❑ 单位：选择宽度、高度和页边距的度量单位，可以选择英寸（inch）或毫米（mm）。
- ❑ 方向：设置纸张打印的方向（纵向或横向）。
- ❑ 页边距：指定页面上、下、左、右的边距值。
- ❑ 像素单位：可以为每张打印纸张指定一个固定的像素尺寸。长宽比将保持与页面尺寸减去边距的长宽比相匹配。

STEP 02 在页面编辑区域，单击鼠标右键选择"网格和辅助线"→"显示打印参考线"。

打印参考线的坐标位置是根据纸张大小的设置得到的。在单个参考线范围内表示可以在设置纸张范围内打印出来。

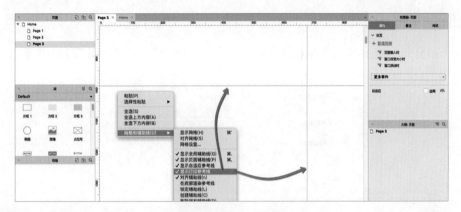

STEP 03 对打印进行缩放配置，设置打印页面以何种比例打印出来。

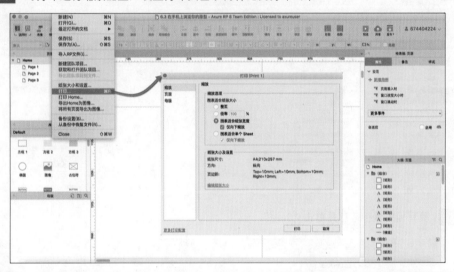

STEP 04 设置需要打印的页面，默认为打印全部原型页面。如果只需要打印当前所在页面，可以在菜单中进行选择。

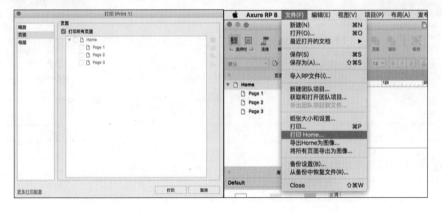

导出原型为PDF

其实大部分个人电脑都是没有连接打印机的，这个时候点击打印按钮会出现如下界面：

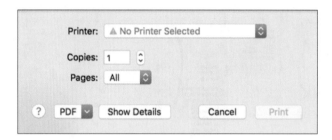

STEP 01 单击 "PDF" 后面的下拉箭头。

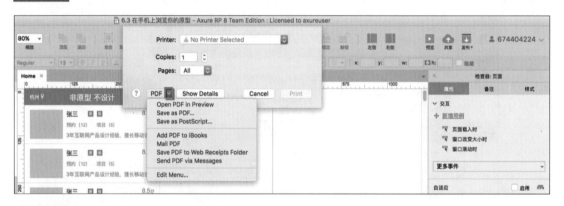

STEP 02 填写相关保存信息并单击 "Save"。

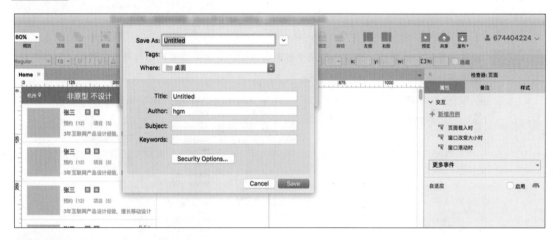

STEP 03 查看生成 PDF 后的效果。

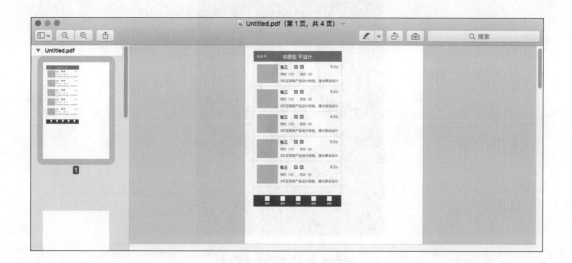

CHAPTER

8

实战案例

8.1 App 横向与纵向滑动效果

App 可以通过触摸手势横向和纵向滑动来切换页面。当手指向左滑动时候，将显示屏幕右侧的页面。当手指向上滑动的时候，将显示屏幕下方的页面内容。本节将介绍如何利用 Axure 实现横向和纵向的滑动效果。与一些专门针对移动端的原型工具不同，Axure 还无法实现在不同页面创建 App 界面，然后通过手势切换页面，它只能利用动态面板的拖动效果实现此目标。

▌横向滑动

STEP 01 在页面编辑区域快速制作一个 App 底层模板。

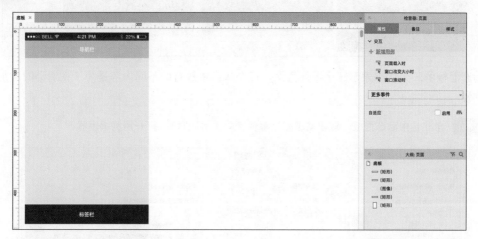

一般为了提高原型制作的速度，可以将底层模板单独放置在一个页面或者将其转化为母版，这样可以不断复用。

STEP 02 拖动一个动态面板到底层模板的内容区域，调整大小并添加三个状态。

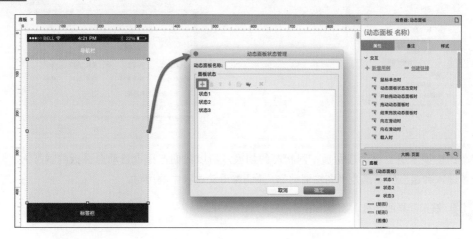

STEP 03 在动态面板三个状态中分别放置不同的内容。

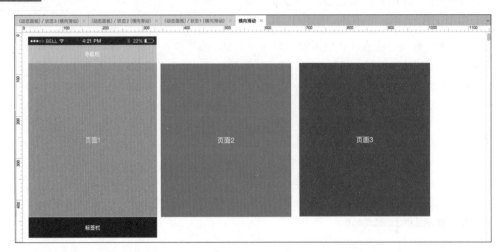

　　动态面板的三个状态表示三个不同页面，每个状态中放置的不同内容是为了在滑动时增加页面的识别性。

STEP 04 单击选中动态面板，双击动态面板事件"向左滑动时"，打开用例编辑器。

　　屏幕的切换本质上是动态面板不同状态的切换，所以我们选择设置动态面板的状态为"Next"，同时设置进入和退出的动画为"向左滑动"，并调整滑动过程中的用时。

STEP 05 按照同样的步骤，设置向右滑动时的动作效果。

STEP 06 生成原型，在浏览器中查看页面切换效果。

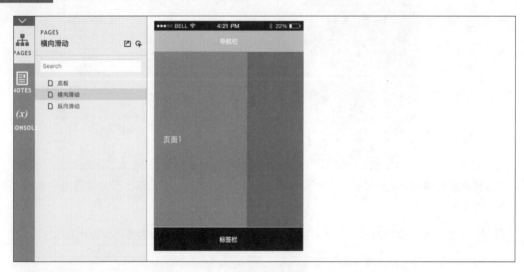

也可以按照 8.1 节介绍的方法，在手机中查看滑动效果。

纵向滑动

STEP 01 拖动一个动态面板到底层模板的内容区域。

STEP 02 在概要区域，直接双击动态面板"状态 2"，进入状态 2 主页。

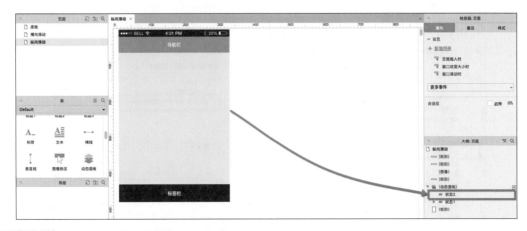

STEP 03 在状态 2 中，制作页面内容，页面高度不得低于 500。

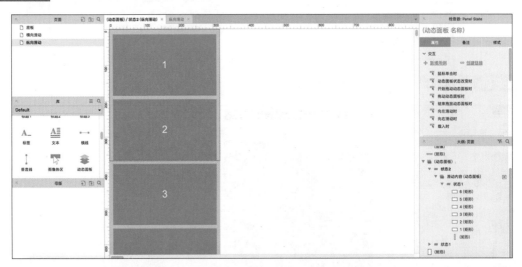

因为要实现整体滑动的效果，所以页面的长度一定要足够长，最低要大于内容区域的高度才能实现滑动的效果。

STEP 04 全选状态 2 中的内容，单击右键将其转换为动态面板，并命名为"滑动内页"。

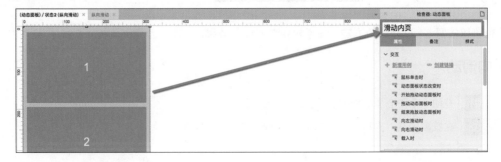

因为滑动的是整个页面，要想实现整个页面滑动的效果，必须将其看作一个整体，转换为动态面板后，滑动整个动态面板可以看作整个页面在进行滑动。

STEP 05 在纵向滑动主页，双击事件"拖动动态面板时"，打开用例编辑器，设置滑动效果。

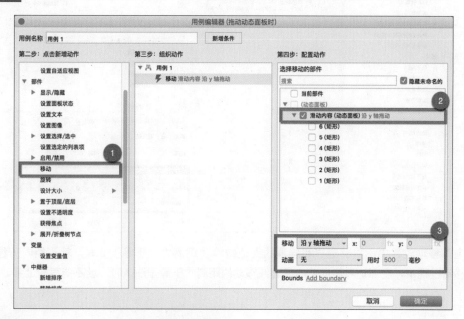

STEP 06 生成原型，在浏览器中查看滑动效果。

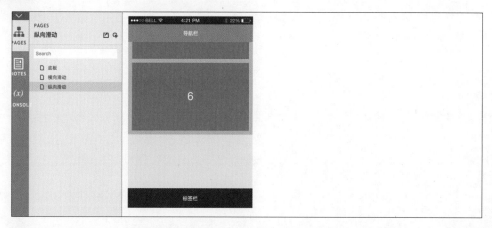

在滑动时，无论是向上滑动还是向下滑动，都会出现页面断层，也就是露出了没有内容的区域，而实际上一般滑动到页面的顶部或底部就无法滑动了，所以接下来我们要应用 AxureRP8 的一项新功能——边界，控制移动的范围。

STEP 07 设置动态面板移动的边界范围。

　　在向下移动过程中，顶部边界和屏幕的上边线移动距离为小于等于 0 时，就不能向下移动了。在向上移动过程中，底部边界与屏幕的下边线移动的距离大于等于 367 时，就不能再向上移动了。

8.2 腾讯QQ左滑删除效果

在腾讯QQ中左滑单条聊天信息可以将该条信息删除，并且其他信息向上移动。

STEP 01 拖动一个动态面板到底层模板的内容区域，调整大小并进入状态1主页。

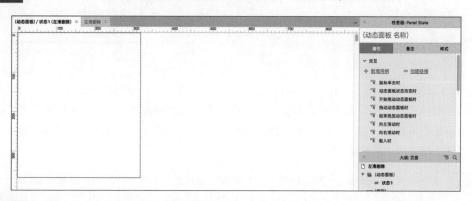

STEP 02 在状态1中制作多个聊天信息条。

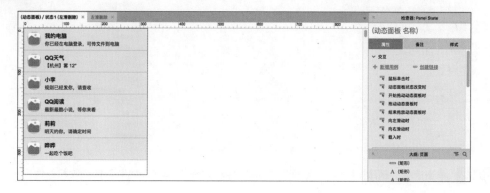

STEP 03 将所有信息条全选，单击右键转换为动态面板，并分别命名。

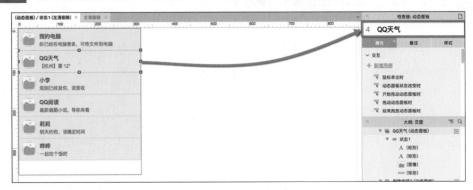

STEP 04 给每条信息添加向左和向右滑动效果。

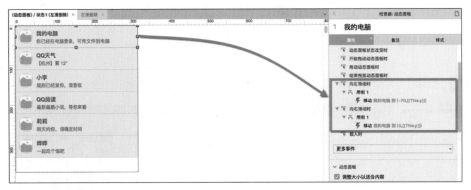

因为删除按钮的宽度设置为 70，因此我们设置向左滑动时的距离为 −70，这样向左滑动时就可以完全显示出删除按钮。另外，我们在 Y 轴的输入框中使用了 [[This.y]]，表示按照部件本身 Y 轴坐标移动，保证了部件的水平移动。

STEP 05 制作一个删除按钮，并将其转换为动态面板，将其放置到信息的末尾，并置于底层。

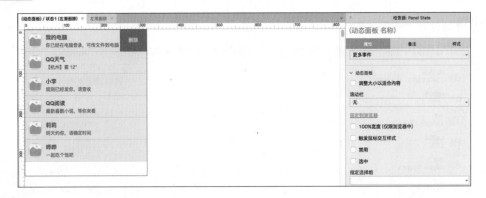

STEP 06 单击选中"删除按钮"，设置单击时隐藏"我的电脑"消息，同时勾选"收起部件"。

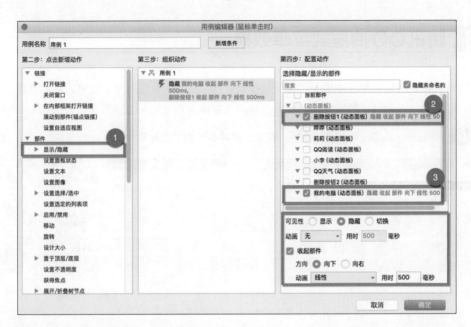

在隐藏单条动态面板消息时同时设置了收起部件效果,这样在隐藏部件之后在其下方的动态面板会跟随移动,其他聊天消息会自动向上移动。

STEP 07 依次设置其他聊天消息的删除效果。

STEP 08 生成原型,查看滑动删除效果。

8.3 腾讯QQ抽屉式菜单效果

抽屉式导航是谷歌应用程序中一种常见的模式。在手机 QQ 中也采用了抽屉式菜单效果。单击账号头像，主页面向右滑动，显示隐藏在背后的抽屉式菜单。

STEP 01 拖动一个动态面板到底层模板，调整大小并命名为"主屏幕"。

STEP 02 在状态 1 中，绘制抽屉式菜单内容。

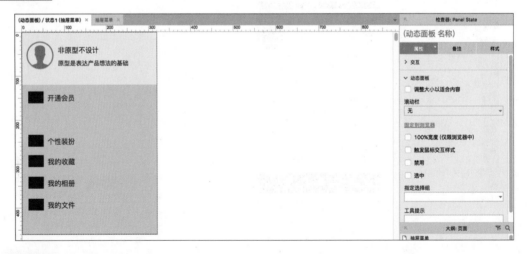

STEP 03 在抽屉式菜单右侧，制作一个 QQ 信息首页，并将其转换为动态面板。

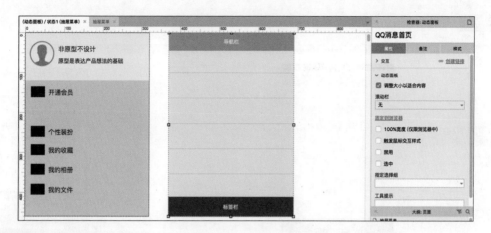

STEP 04 将动态面板"QQ消息首页"覆盖到抽屉式菜单之上。

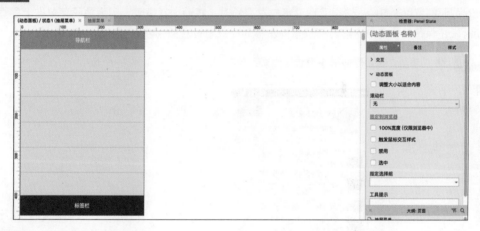

STEP 05 单击选中"主屏幕"动态面板,双击"向右滑动时",打开用例编辑器。

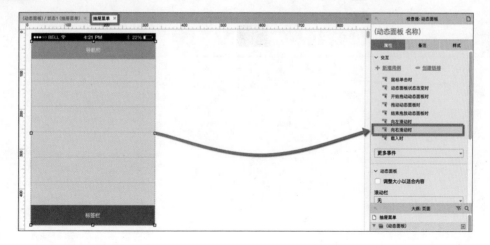

STEP 06 设置向右滑动效果和向左滑动效果。

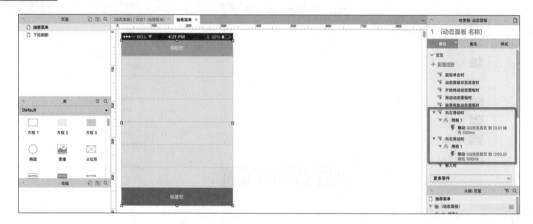

　　App 页面的宽度是 320，这里我们设置向右滑动时，移动 250 像素。因为抽屉菜单在上层页面向右移动时，还保留了一点点宽度，所以当向左移动时只要设置回归到原位（0,0）即可。

STEP 07 生成原型，在动态面板中查看抽屉式菜单效果。

8.4 腾讯QQ下拉刷新效果

下拉界面进行页面刷新已经成为 App 的一个标准设计模式，也是一种用户习惯。本节我们将实践如何利用 Axure 制作腾讯 QQ 下拉刷新的效果。

STEP 01 拖动一个动态面板到底层模板，调整大小并命名为"主屏幕"。

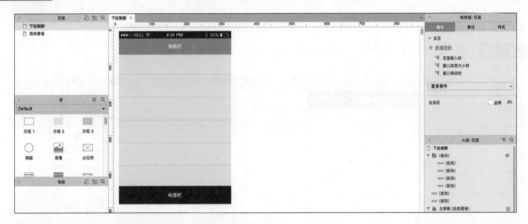

这里我们放置的动态面板有一个需要注意的地方，就是动态面板有一小部分是在导航栏下面隐藏的，这一部分我们将放置被隐藏的"下拉刷新"组件。

STEP 02 制作下拉刷新组件，尺寸为 320×44。

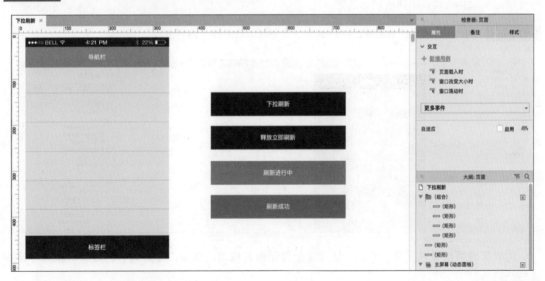

我们将整个下拉刷新组件分为 4 个状态：下拉刷新、释放立即刷新、刷新进行中和刷新成功。这些状态的切换全部根据界面的下拉程度进行。

STEP 03 将下拉组件的 4 个状态放置到一个动态面板的 4 个状态中，并将该动态面板命名为"刷新组件"。

STEP 04 将"刷新组件"放置到主屏幕动态面板的状态 1，坐标为（0,0）。

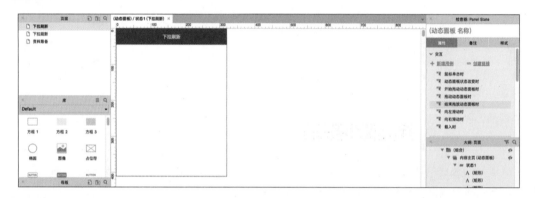

坐标为（0,0）在页面最外层看时正好被导航栏遮盖。接下来就是设置通过下拉拖动页面将这部分显示出来，并且切换不同的刷新状态。

STEP 05 制作 QQ 聊天信息界面，并转换为动态面板，命名为"内容主页"。

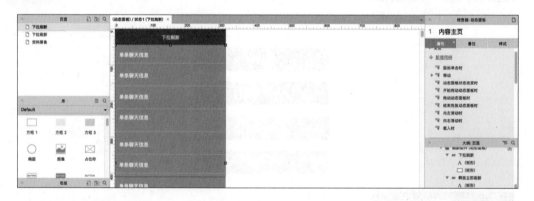

内容区域最低要求就是足够长，这样才能显示出其拖动的效果，并且内容区域和刷新组件是拼接在一起的。

STEP 06 单击选中"内容主页"，设置当移动"内容主页"时，"刷新组件"跟随移动。

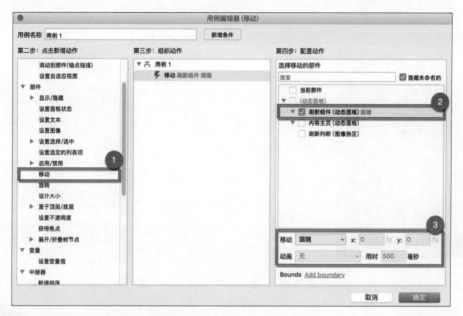

STEP 07 分析整个手机 QQ 下拉过程中的状态变化。

操作	下拉界面	松开界面
下拉距离低于一行	显示"下拉刷新"	页面恢复默认状态
下拉距离高于一行	显示"释放立即刷新"	第一步：进入刷新状态 第二步：刷新页面 第三步：页面恢复默认状态

刷新状态的变化最大的影响因素有两点。

（1）是否松开页面，这一点我们可以利用动态面板的拖动事件来判断。

（2）下拉的距离判断，在下拉的过程中我们只需要判断下拉的距离，然后显示对应的状态即可。这一点我们可以借助图像热区来判断部件范围是否接触。接下来我们看一下具体如何实现。

STEP 08 在"主屏幕"状态 1 中，在第一条信息处放置一个图像热区，命名为"刷新判断"。

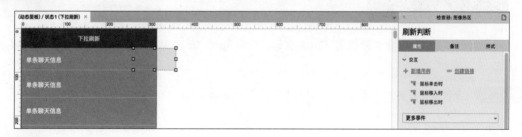

STEP 09 添加条件判断，判断内容区域和热区距离。

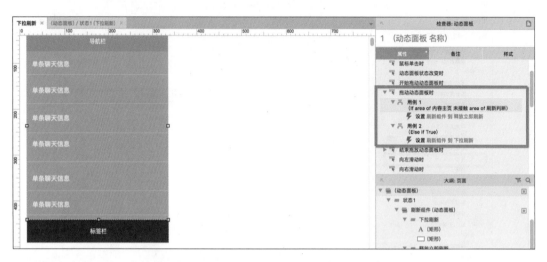

如果"内容区域"未接触"刷新判断",则设置筛选组件到"释放立即刷新";如果"内容区域"接触"刷新判断",则设置筛选组件到"下拉刷新"。

STEP 10 设置内容区域沿 *Y* 轴滚动。

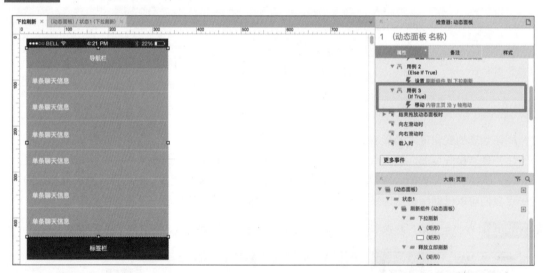

这里需要将默认的 Else if 转换为 if True 语句。选中用例,单击鼠标右键弹出菜单,选择切换 IF/ELSE IF。

STEP 11 设置结束拖动时未接触情况下"刷新组件"的状态变化。

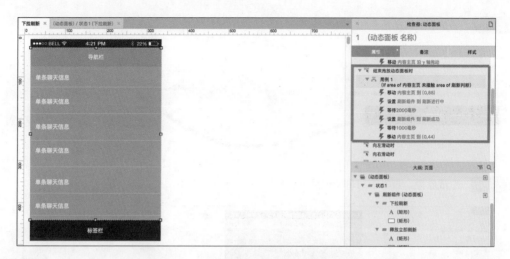

STEP 12 设置结束拖动时接触情况下"刷新组件"的状态变化。

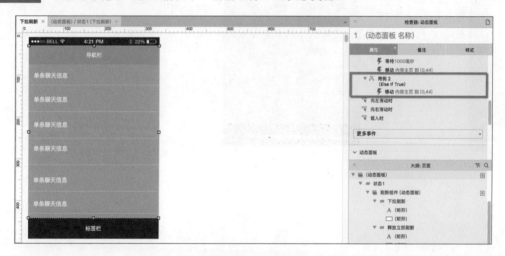

因为导航栏的高度为 44，所以这里内容区域的起始坐标就是（0，44）。在下拉过程中还是会发现一点点小的瑕疵，就是在"下拉刷新"和"释放立即刷新"状态下，拖动页面时背景页面会出现一些断层。

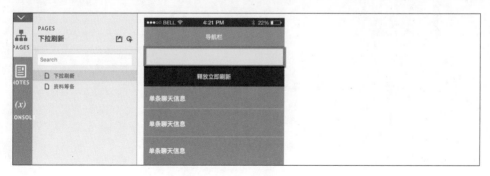

STEP 13 调整"下拉刷新"和"释放立即筛选"的黑色背景的高度，让它向上延伸。

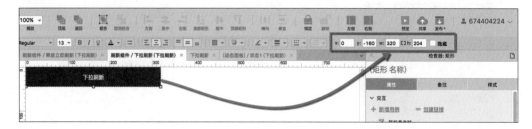

STEP 14 生成原型，查看下拉刷新效果。